All of Eyelash
Extension

프로가 되는
속눈썹 연장

Kang, K

강경희(姜京姬 / Kyung Hee. KANG)

www.miincare.co.kr
www.keea14.com

- 한국속눈썹교육협회(KEEA) 회장
- 속눈썹·붙임머리 전문샵 miincare 대표
- 대한민국 속눈썹·붙임머리 전문샵 최초 브랜드
- 중국 미인케어 브랜드 특허출원
- 실용붙임머리 명품 더블링 특허출원
- 속눈썹·붙임머리 체인점 운영본사
- 대한민국 전국 12개 가맹점 운영
- 인도네시아 자카르타 miincare 가맹점
- 중국 상하이 miincare 가맹점
- 부산 미인케어 유통지사
- 미인케어뷰티아카데미 대표(국내 최초 속눈썹 연장 붙임머리 전문 아카데미)
- 국내 최초 〈프로가 되는 속눈썹 연장〉 출판 – 대만 홍콩판 / 중국판 / 영어판 준비중
- 〈메이크업미용사 실기 한권으로 끝내기〉 공저
- 한국헤어피부미용중앙회 속눈썹 부문 토탈그랑프리 대상 수상
- 2013 국제 휴먼미용건강올림픽 속눈썹 심사위원
- 2014 중국 북경 속눈썹 미용대회 심사위원
- 2014 해외교류작가회 괌 뷰티 작품초대전 우수작가상
- 2015 미인케어 속눈썹 성장케어 기술교육 시작
- 2016 KIBC 국제미용기능대회 속눈썹 연장 대회장
- 2017 제41회 아시안 헤어스타일링 & 메이크업 컴페티션 속눈썹 연장 대회장
- 2017 서울세계뷰티엑스포 총괄대회장
- 2019 글로벌 뷰티엑스포 부산 총대회장
- 2020 제14회 교육산업대상(헤럴드경제)

PROLOGUE

속눈썹 연장의 매력

눈은 사람의 감정을 나타나고 마음을 담아내는 곳으로 눈이 가진 이미지는 얼굴 전체의 분위기를 좌우한다. 그렇기 때문에 여성들은 눈의 아름다움을 만들기 위한 아이 메이크업에 신경을 쓰기 시작했으며, 언제부터인가 아이라이너나 마스카라를 사용한 메이크업을 대체하는 새로운 쁘띠 성형의 아이템으로 속눈썹 연장·증모가 인기를 얻게 되었다.

시간이 지날수록 속눈썹 연장·증모에 대한 여성들의 관심은 더욱 뜨거워지고 있으며, 그만큼 연장기술에 관심을 가지고 배우기를 원하는 사람들 또한 늘어나고 있다. 길을 가다 거리마다 있는 속눈썹 연장샵을 발견할 때면 이미 많은 사람들이 아이래쉬 디자이너가 되어 속눈썹 연장의 대중화를 이루어가고 있음을 느낀다.

하지만 아이래쉬 디자이너들 중에서 정작 본인이 가진 기술에 만족하며 제대로 된 시술로 그 가치를 인정받고 있는 사람은 많지 않다. 속눈썹 연장기술을 간단한 기술로 생각하여 기본적인 기술만 습득한 후에 고객에게 시술하는 사람이 많고, 교육을 하는 곳에서도 제대로 된 시스템과 교재 없이 기본적인 실습만으로 교육이 이루어지고 있는 곳이 많기 때문이다. 사람의 얼굴 생김새가 모두 다르듯이 속눈썹 역시 사람마다 그 모양과 특성이 다르고 자라난 형태가 다르다. 따라서 절대로 속눈썹 연장은 간단한 실력을 요하지 않기 때문에 시술을 하면 할수록 점점 더 어렵게 느껴진다는 이야기들을 하게 되는 것이다.

실제로 실제 샵을 오픈해서도 자신의 기술에 만족하지 못하고 기초적인 지식과 스킬 자체를 생소하게 여기는 사람들이 많다. 그리고 많은 아이래쉬 디자이너들이 노하우와 기술부족으로 다양하고 심화된 테크닉에 목말라하고 있다. 탄탄한 기본기로 기초부터 확실하게 습득하고 고객의 눈매와 속눈썹 상태를 함께 고려한 응용심화 시술까지 가능해야 고객도 인정하고 나도 만족하는 속눈썹 연장시술이 이루어질 수 있게 된다.

    이 책은 이렇게 속눈썹 연장술에 관심을 가지고 있는 사람들에게 기술적인 테크닉과 함께 실제 속눈썹 연장분야의 전망과 창업 등 다양한 정보를 제공하기 위하여 출간하게 되었다. 만약 이 책을 읽는 독자가 실습 교육을 받은 후에도 속눈썹 연장에 어려움을 느끼고 있는 사람이라면 책에 있는 수많은 노하우와 팁을 통하여 실력을 업그레이드할 수 있을 것이며, 이제 막 속눈썹 연장·증모를 시작한 사람이라면 확실히 기본기를 익히고 기본적인 테크닉부터 응용심화 기술까지 습득할 수 있게 될 것이다.

    무엇보다 이 책에서는 사람마다 다른 눈매와 속눈썹 스타일의 차이로 시술에 어려움을 겪고 있는 아이래쉬 디자이너들에게 도움이 될 수 있도록 눈매에 따른 속눈썹 디자인과 스타일별 속눈썹 디자인 부분을 상세하게 다루었다. 그리고 실제 실무에서 필요한 고객관리 노하우와 마케팅에 관한 부분도 다루었다.

    끝으로 이 책이 나오기까지 함께 촬영하고 도와주신 속눈썹 전문브랜드 미인(美人)의 김소영 원장님, 신현복, 김도연, 김미란, 송현서에게 감사 인사를 전한다. 그리고 도서의 파트3 속눈썹 이론 부분에 도움을 주신 박기원 교수님과 그 외 모델 분들께도 감사드리며, 책이 출간될 수 있도록 지원해주시고 수고를 아끼지 않은 가족들과 도서출판 (주)시대고시기획의 여러분들께도 감사인사를 드린다.

    이 책이 속눈썹을 사랑하는 모든 사람들에게 소중한 길라잡이가 되기를 기대해 본다. 책을 꼼꼼히 읽고 새롭게 터득한 지식과 스킬을 꾸준히 연습하여 내 것으로 만들 수 있다면, 어느새 업그레이드 된 자신의 기술력을 확인할 수 있을 것이다. 이 책을 읽는 사람들이 모두 아이래쉬 전문가가 되어 눈의 아름다움을 창조하는 감성 예술인의 자부심으로 함께 하기를 바라는 마음이다.

강경희

Part 01

Basic 기초편

01 속눈썹 연장 이야기	02
02 속눈썹 시술을 위한 아이템	06
03 시술 준비 워밍업	29
04 탄탄한 실력을 위한 기본테크닉	33
05 업그레이드 기초디자인테크닉	45
Special 01 속눈썹 미용의 종류와 발전	53
Special 02 속눈썹 연장 · 증모의 현황과 전망	56

Part 02

Professional 응용심화편

01 고객 상담	60
02 실무에 적용되는 실전테크닉	67
03 다양한 가모와 인모의 디자인	72
04 스타일별 디자인	76
05 눈매에 따른 디자인	91
06 탑래쉬 & 언더래쉬	107
Special 03 속눈썹 연장시술 주의사항	113

All of Eyelash Extension

Part 03

Theory 이론편

01 속눈썹과 모발   118
02 속눈썹과 눈의 이해   134
Special 04 속눈썹 샵의 창업과 취업의 전망   147
Special 05 고객 관리   152

부록

All of Eyelash Extension

Q&A로 알아보는 속눈썹 연장   158
메이크업 국가자격기준(속눈썹 익스텐션)   168

All of Eyelash
Extension

01 속눈썹 연장 이야기
02 속눈썹 시술을 위한 아이템
03 시술 준비 워밍업
04 탄탄한 실력을 위한 기본테크닉
05 업그레이드 기초디자인테크닉
Special 01 속눈썹 미용의 종류와 발전
Special 02 속눈썹 연장·증모의 현황과 전망

Part 01

Basic 기초편

01 속눈썹 연장 이야기
Eyelash Extension Story

속눈썹 연장 · 증모술?

미용계의 한 분야로 완벽하게 자리 잡은 속눈썹 연장은 눈매가 진하고 크게 보일 수 있도록 만들어주는 미용시술이다. 속눈썹 연장을 통해 여성들은 얼굴이 작아 보일 수 있으며, 이목구비의 선을 더욱 또렷하게 만들어 아름다움을 추구할 수 있다. 동양인은 서양인과 달리 얼굴 전체적으로 음양의 윤곽이 적을 뿐만 아니라 속눈썹 길이가 짧고 숱이 없기 때문에 속눈썹에 대한 관심이 커지면서 연장 · 증모술이 급속도로 발전하게 되었다.

속눈썹 연장

인모 한 올에 가모 한 올씩을 연장하여 속눈썹의 길이를 길게 늘리는 1:1 시술이다. 연장에 사용되는 속눈썹의 굵기와 길이가 매우 다양하므로 고객의 요구에 맞추어 시술이 이루어져야 하며, 속눈썹 연장을 통하여 눈매가 진해보이는 것을 원칙으로 하는 가장 기본적인 방법이다.

속눈썹 증모

인모 한 올에 Y자형과 W형 가모를 증모 · 연장하여 길이와 숱을 동시에 늘리는 1:2, 1:3, 2:3 시술이다. 그윽하고 풍성한 느낌의 속눈썹 연출이 가능하다. 증모는 속눈썹 디자인에 따라 다양한 컨셉을 만들어 낼 수 있으며, 어떻게 응용하는지에 따라 큰 부가가치를 창출할 수 있다.

현재는 속눈썹 연장과 증모를 크게 차별화하여 홍보 마케팅하고 있지 않지만, 앞으로 속눈썹 산업이 더욱 발전하고 작업과 디자인이 세분화될수록 구분이 뚜렷해질 것이다.

Eyelash Designer의 기술 분야 가이드

인간의 미적 추구와 함께 미용 산업이 꾸준히 발전하면서 다양한 미용 기술이 생겨나게 되었고, 지금도 외적 아름다움을 향상시키기 위한 새로운 분야의 기술 연구와 노력이 지속되고 있다. 그 중 속눈썹 연장술은 미용 산업의 아주 작은 부분에서 출발하였지만 이제는 개인의 자신감을 향상시켜 주는 마인드 메이크업으로 큰 역할을 하고 있다.

그러나 속눈썹 연장술의 발전으로 많은 사람들이 속눈썹 연장을 쉽게 접하고 쉽게 시작할 수 있게 된 반면, 제대로 기술을 습득하지 않고 시술하여 속눈썹의 경제적인 부가가치를 인정받지 못하고 쉽게 그만두는 경우 역시 비일비재해졌다. 제대로 된 기술교육이 이루어질 때 속눈썹 연장은 기술 분야의 각광받는 미용전문 직업군으로 새로운 트렌드형성을 이룰 수 있다. 따라서 이 책을 통하여 기본적인 테크닉에 충실함은 물론 그 실전과 응용, 디자인, 심화 테크닉의 기술력을 향상시켜 보자.

> 많은 사람들이 속눈썹 연장은 하면 할수록 어렵다는 이야기를 많이 한다. 왜냐하면 사람의 속눈썹은 한 모 한 모가 모두 다르게 성장하여 모두 다른 형태와 모양을 가지고 있기 때문이다. 따라서 고객의 속눈썹에 대해 지속적으로 고민하지 않고, 단순 반복적으로 기계적인 시술을 하는 이상 속눈썹 연장·증모술은 여전히 어려운 시술이 될 수밖에 없다.

섬세한 터치감

처음 속눈썹 연장술을 배우기 시작할 때 올바른 기술을 정확하게 습득하는 것이 매우 중요하다. 처음 습득한 기술이 손에 익게 되면 5년 후에도 10년 후에도 똑같은 습관으로 기술이 행해지기 때문이다. 따라서 처음부터 정확하고 섬세한 올바른 테크닉을 익히는 것이 중요하다. 올바른 기본테크닉이 습관으로 몸에 베인 기능인의 기술을 '프로터치' 라고 한다. 프로터치를 위해서는 최선을 다해 기능을 예술로 승화시키기 위한 노력이 필요하다.

시술 대상에 대한 사고(思考)

많은 사람들이 시술을 할 때 무의식적이고 단순 반복적으로 시술을 하는 경우가 많다. 하지만 시술을 함과 동시에 고객의 눈매와 눈썹모에 맞는 시술을 디자인할 수 있는 사고력이 길러져야 한다. 제대로 고객의 속눈썹 모를 파악하고 눈매를 교정해 줄 수 있는 장인정신을 가진 기능인이 되어야 시술자 스스로도, 시술받는 고객도 만족스러운 시술이 될 것이다. 보통 시술시간은 1시간에서 2시간 사이를 기술하고 있으며, 시술 후에는 평균 1달에서 1달 반 정도 속눈썹이 유지될 수 있어야 한다. 속눈썹 연장은 주기적인 기간으로 아름다움을 관리하는 기술이다.

서비스 마인드

처음 핀셋을 들고 속눈썹 시술을 시작하는 순간부터 내가 아닌 고객위주로 고객의 편의에 맞추어 행동해야 한다. 고객의 편의를 생각한 작은 행동들이 고객의 마음을 열게 되고 결정짓는다는 것을 잊지 말아야 할 것이다. 서비스 마인드는 시술자가 지녀야 할 가장 기초적인 태도이자 고객에게 나의 기술을 보이기 전 내 마음을 보이는 단계이다.

Eyelash Designer의 자기개발 성취 조건
- 긍정적인 마인드(Positive mind)
- 뚜렷한 목적의식(Sense of purpose)
- 인내와 생각하는 습관(Thinking)
- 예술적인 마인드 컨트롤(Mind control)

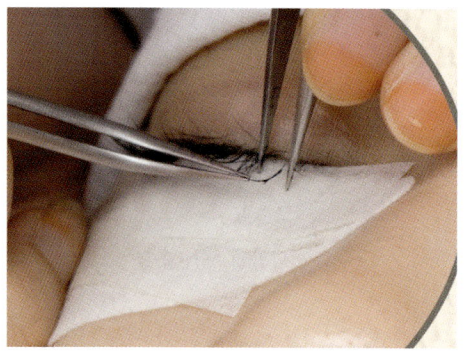

나는, Eyelash Designer이다.

디자이너는 전문가이다.

Eyelash 디자이너는 전문가이다. 전문가는 고객이 원하는 속눈썹에 대한 정보를 바탕으로 상황을 리드하며 아름다움을 만들어 나가야 한다. 본인의 아름다움을 만드는 것보다 타인의 아름다움을 만들어 내는 것에 행복을 느껴야 하며, 나의 손길로 아름다움이 만들어진다는 사명감이 최고의 기준이 되어야 한다.

기능인?! 예술인?!

속눈썹 연장 디자이너는 단순히 하나의 업에 종사하는 기능인이 아니라, 여성의 마음을 열어주고 성형이 아닌 방법으로 성형한 것과 같은 아름다움을 선사하는 기능인이자 예술인이다. 경제적인 욕구를 채우기 위한 속눈썹 연장이 아닌, 속눈썹 한 올 한 올의 미학을 만들어 나갈 수 있는 자신감과 자긍심이 바탕이 된 작업노하우를 가지고 있어야 한다.

Eyelash Designer로서의 자긍심

불과 몇 년 전만 하더라도 속눈썹 연장술 디자이너라는 전문직업군은 뚜렷하지 않았다. 단지 헤어 디자이너, 네일 디자이너, 메이크업 디자이너라는 큰 틀 안에서 존재하는 직업일 뿐이었다. 하지만 속눈썹에 대한 관심 증가와 함께 어느덧 Eyelash designer는 미용인으로 성장하여 하나의 직업군으로 자리 잡게 되었다. 따라서 이제는 한 분야의 전문인이 된 것을 잊지 않고 노력해야 한다. 최근에는 더욱 더 많은 사람들이 속눈썹 연장에 대한 자긍심을 가지고 매장의 운영이나 취업 외에 공교육기관의 미용교육과 사설기관의 전문 강사로도 활동하고 있다.

Eyelash Designer의 조건
- 스스로의 개인가치능력
- 기간별 개인기술 습득목표
- 멈추지 않는 도전정신
- 끊임없는 미소

02 속눈썹 시술을 위한 아이템
Item For Eyelash Extension

속눈썹 연장의 가장 기본은 시술을 매끄럽고 정확하게 만들어 줄 수 있는 재료를 올바르게 선택하는 것이다. 따라서 신중한 자세로 각 재료의 장점과 단점을 파악한 후, 가장 효과적으로 시술할 수 있는 재료를 선택해야 한다. 일반적으로 속눈썹 연장 재료의 선택은 시술자 각 개인의 경험과 감각을 토대로 선택되고 있다.

 또한 최근 미용제품에 대한 법정인증마크가 KC마크로 통합됨에 따라, 속눈썹 연장에 필요한 재료와 도구들도 KC안전인증마크의 제품이 정식으로 유통되게 되었다. 이로써 속눈썹 연장시술 역시 안전성을 인정받은 제품을 사용하여 시술이 이루어지고 있다.

 ### 속눈썹 가모

속눈썹 가모는 속눈썹 연장시술에 사용되는 재료의 핵심으로 가모를 생산하는 원사에 따라 구분할 수 있고, 가모의 굵기와 컬의 모양과 같은 기준에 따라서도 구분할 수 있다.

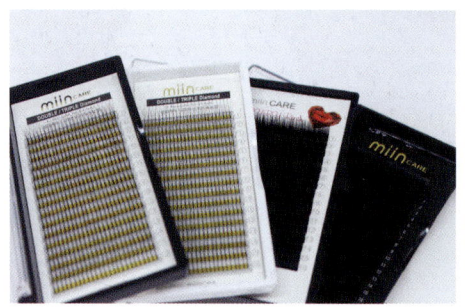 

*제품협찬 : 미인케어

원사에 따른 구분

① 합성섬유 가모

PVC, PET, PBT와 같은 합성섬유를 원료로 하여 만든 속눈썹 가모

종 류	용 도
PVC(Poly Vinyl Chloride)	• 필름, 시트, 파이프 등의 원료
PET (Poly Ethylene Terephthalate)	• 용기나 라벨에 사용하는 화학섬유
PBT (Poly Butylene Terephthalate fiber)	• 탄성이 있는 합성섬유(실)의 원료 • 텐션감과 부드러움이 좋은 소재 • 가모의 고급느낌을 잘 표현할 수 있어서 속눈썹 인조 실크모로 가공

- 일반모 : 가공열처리를 많이 하여 무거움
- 실크모 : 실크원사(누에)는 아니지만 PBT로 가공열처리를 하였기 때문에 합성섬유로 만든 가모 중에서는 품질이 우수하여 광택이 자연스러움. 또한 부드러운 탄성을 지녔으며 컬 유지력이 뛰어남
- 소프트가모 : 최근에 나온 제품으로 굵기에 비례하여 가모의 부드러움에 초점을 둔 제품

소프트싱글가모 블랙펄

소프트가모 싱글가모

*제품협찬 : 미인케어

속눈썹 가모 원사의 모양의 변화

원형의 원사단면 모양에서 컷팅 후 납작한 모양까지가 최신 현재 원사모양이다.

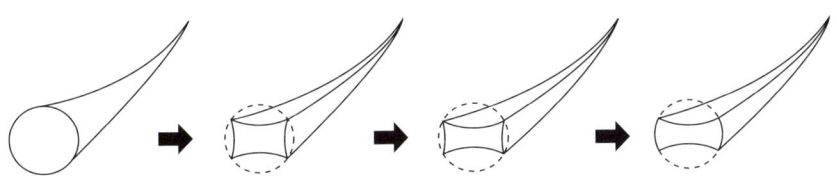

② 천연모

합성섬유를 원료로 한 가모보다 가볍고 자연스러운 시술이 가능한 자연 상태의 가모로 인모, 단백질모, 천연모, 케라틴모 등의 이름으로 유통되고 있다.

천연모는 일반원사의 제품과 비교하여 컬링이나 모의 상태가 불규칙한 것이 단점이었으나, 현재는 제품의 보완으로 컬링과 제품의 품질이 업그레이드되어 시술 후 가벼우면서 자연스러움을 표현하는 것이 가능해졌다.

종 류	특 징
인 모	• 사람의 모발을 사용하여 인모에 있는 큐티클 라인을 살려 만든 속눈썹이다. • 유지기간이 일반 합성섬유모보다 길고 가모의 가벼움이 매우 탁월하다.
동물털을 사용한 모	• 동물의 털을 사용하여 인모의 큐티클 라인과 가장 유사하게 만든 천연모이다. • 사용되는 동물의 털로는 밍크, 돼지, 토끼, 낙타 등이 있으며, 이들의 모에는 인모와 같은 큐티클 층이 존재한다.

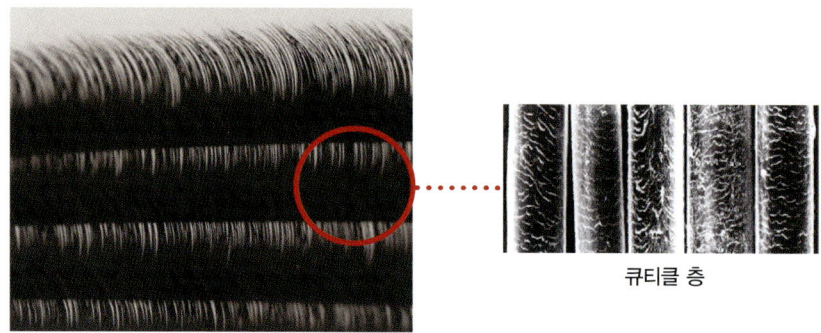

속눈썹 천연모의 큐티클 층

> **속눈썹 연장과 큐티클 라인**
>
> 큐티클 라인이란 모발 끝을 향해 열려 있는 모간의 가장 외측부분으로 모발 내부를 둘러싸고 있는 각질층을 말한다. 큐티클 층은 '지그재그' 모양으로 라인이 형성되어 있기 때문에 천연모의 경우 단면으로 코팅 처리된 가모보다 큐티클 층이 서로를 밀착감있게 잡아주어 접착친화력이 높아지고 시술 유지기간이 길어진다.

굵기와 길이에 따른 분류

① 굵기에 따른 분류

굵기/T	0.05	0.07	0.10	0.12	0.15	0.18	0.20	0.25

속눈썹 가모의 굵기는 얇게는 0.05부터 굵게는 0.25까지 다양하다. 따라서 고객의 자연인모에 시술할 적절한 굵기의 가모를 선택할 때는 고객의 속눈썹 상태에 따라, 그리고 제품군에 따라 가모의 굵기를 다르게 선택하여 시술해야 한다.

만약 고객의 자연인모가 약한 경우라면 굵기가 얇은 가모를 선택해야 하고, 자연인모가 건강한 경우라면 굵기가 있는 두꺼운 가모를 사용하여 시술이 가능하다.

가모의 굵기 선택(T)
- 일반적으로 0.10~0.15의 굵기를 가장 많이 사용
- 서울과 수도권에서는 0.10~0.15를 주로 사용하나 지방에서는 좀 더 두꺼운 모를 좋아하는 경향이 있으므로 0.10보다 더 굵은 가모를 선호하는 편
- 컬러모의 경우에는 0.10~0.20의 굵기를 사용
- 2D래쉬와 3D래쉬는 0.07~0.10의 굵기를 사용하는 것이 훨씬 더 밀착감이 좋음

② 길이에 따른 분류

길이/mm	7mm	8mm	9mm	10mm	11mm	12mm	13mm	14mm	15mm

속눈썹 연장시술에서 가모의 길이 선택은 가장 중요한 부분이다. 가모의 길이는 짧게는 7mm부터 길게는 15mm까지 다양하며, 일반적으로는 대중적이고 자연스러운 길이인 10~11mm를 가장 선호한다. 속눈썹 길이에 대한 선호는 각 나라별로 다르며 개인별 취향에 따라서도 달라지기 때문에 눈의 모양을 반영하여 다르게 적용시켜야 한다.

또한 가모의 길이를 선택할 때는 사용하는 컬의 종류를 함께 고려해야 한다. 왜냐하면 사용한 컬이 어떤 종류이냐에 따라 시술 후 가모의 길이에 대한 느낌이 달라질 수 있기 때문이다. 일반적으로 C컬은 J컬보다 뷰러를 한 듯 컬이 더 강하게 올라가므로, 같은 길이의 가모를 사용해도 상대적으로 더 짧은 느낌을 준다.

연령에 따른 가모의 길이

고객이 선호하는 가모의 길이는 연령층에 따라서도 달라지므로 나이 역시 가모의 길이를 결정하는 주요 판단요소 중 하나가 된다. 일반적으로 젊은 연령층은 길게, 고령층은 자연스러운 길이로 가모를 선택하여 시술한다. 다음의 그래프를 통하여 속눈썹 연장 시 가모의 길이에 대한 연령별 선호도를 자세히 알아보자.

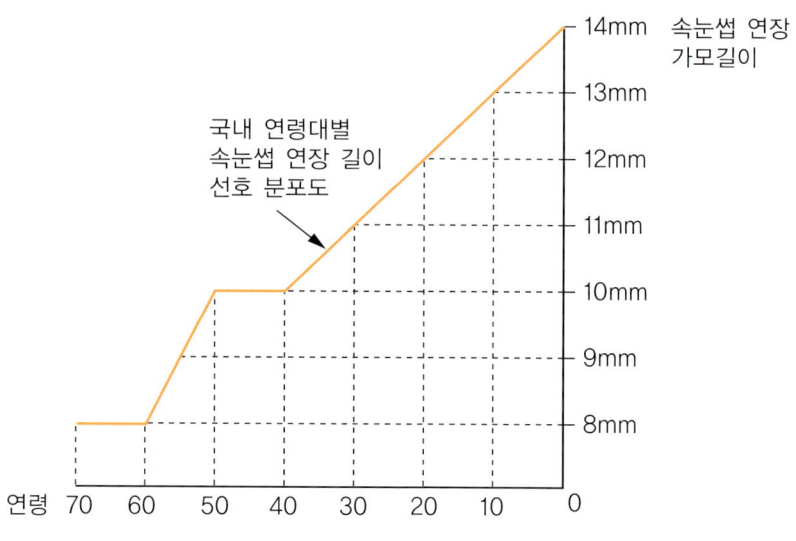

연령별 가모의 길이 선택 그래프

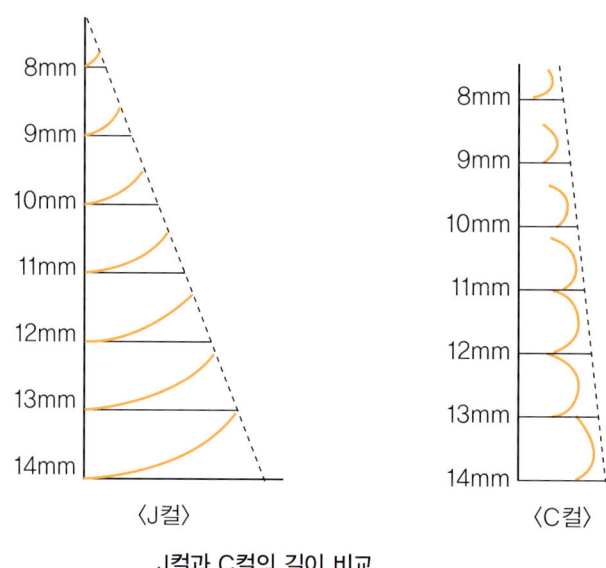

J컬과 C컬의 길이 비교

컬에 따른 분류

J컬	JC컬	C컬	CC컬	뷰러컬	L컬	언더컬

속눈썹 시술에 있어서 길이 다음으로 중요하게 결정해야 하는 것이 컬의 종류이다. 컬은 눈매의 교정에 많이 활용되므로 다양한 컬의 사용으로 다양한 눈매에 관한 기술력을 표현할 수 있다. 속눈썹 가모의 컬은 7개 정도로 구분할 수 있으며, 각 컬마다 사용하는 활용도에는 차이가 존재한다.

컬의 분류

- J컬 : 가장 자연스러운 컬로 한국 여성들이 가장 선호하고 좋아하는 컬링. 모든 제품과 혼합사용이 가능하며 특별하지 않은 눈매에 적용이 가능함
- JC컬 : J컬보다 살짝 높은 컬
- C컬 : 눈이 동그랗게 보이는 효과가 있어 산뜻하고 귀여운 느낌을 줄 때 사용하며, 20대에서 선호도가 높음. 처진 눈매의 부분 교정과 지방으로 인해 눈이 처진 연령대의 눈매교정을 위하여 사용
- CC컬, 뷰러컬 : 눈이 처지거나 속눈썹이 처진 직모를 교정할 때 사용하며, 뷰러로 올린듯한 아찔한 눈매스타일을 연출
- L컬 : 지방층이 두껍고 눈이 처진 경우에 속눈썹을 올려주기 위하여 사용. 눈이 올라가 보이도록 연출 가능

속눈썹 가모의 보관방법

- 직사광선 피하기!
  가모가 직접적으로 직사광선을 받게 되면 가모 테이프에 끈끈이가 발생하여 시술 시에 이물감을 느낄수 있다.
- 그늘지고 서늘한 곳에 보관!

▌컬러에 따른 분류

여성의 화장이 미적 아름다움을 업그레이드시키고 유지하며 발전하듯, 속눈썹 연장 또한 최근에는 다양한 컬러의 제품으로 유행하는 트렌드에 맞춘 시술이 이루어지고 있다. 즉 속눈썹 연장에도 컬러의 시대가 도래된 것이다.

최근 2~3년 전부터 지속되어 온 헤어에서의 WINE 컬러의 유행이 속눈썹에도 반영되었듯이 속눈썹 시술도 유행하는 트렌드에 따른 스타일을 시술하는 경우가 점차 증가하고 있다. 또한 아시아 여성의 속눈썹뿐만 아니라 서양 여성의 속눈썹에도 접목이 가능한 다양한 컬러의 제품이 늘어나고 있는 추세이다.

속눈썹 컬러모

속눈썹 가모에 컬러를 입혀서 마치 컬러 마스카라를 한 듯한 느낌으로 연출이 가능한 제품

- 컬 : J, JC, C, CC
- 굵기 : T 0.10, 0.15, 0.20, 0.25
- 길이 : 7~15mm까지 다양
- 컬러 : BLACK, WINE, BROWN, RED, PURPLE, BLUE, DARK GREEN, YELLOW 등

WINE　　　　　　　　BLUE

PURPLE　　　　　　　GREEN

■ 큐빅이 있는 가모

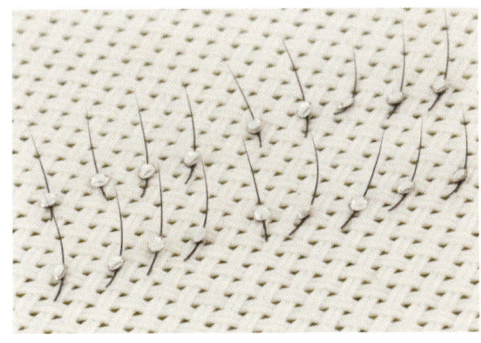

큐빅이 있는 가모에서 큐빅은 속눈썹 포인트의 역할로 사용되며 큐빅의 색상으로는 WHITE, GREEN, PINK, BLUE 등 매우 다양한 색이 있다. 속눈썹에 포인트를 주기 위한 속눈썹 가모로는 큐빅 외에도 글리터래쉬(반짝이는 글리터가 붙어있는 가모)가 있다.

2D래쉬와 3D래쉬

① 2D래쉬

한 가닥에 2개의 모가 연결되어 있는 실크모이다. 속눈썹증모 디자인 법에 많이 쓰이는 제품으로 '풍성한 속눈썹을 원하는 고객', '눈썹모의 숱이 적어서 풍성한 시술을 원하는 고객', '눈썹모가 외부적으로 상처를 받아 일정하지 않은 고객'에게 주로 사용한다.

2D래쉬를 이용한 속눈썹 연장은 전체 모를 시술하지 않아도 풍성한 숱을 만들 수 있는 것이 장점이므로 시술시간의 단축이 가능하다. 하지만 일반적인 제품과 시술방법에 차이가 있으므로 시술방법을 완벽히 익힌 후에 시술해야 한다.

*제품협찬 : 미인케어

② 3D래쉬

한 가닥에 3개의 모가 연결되어 있는 제품으로 전체 속눈썹 시술보다는 부분디자인에 특별한 용도로 사용하는 경우가 많다. 3D래쉬는 되도록 얇은 모로 결합된 제품이 시술하기에 좋으며, 시술 시에는 손상모가 아닌 건강모에 시술해야 한다.

 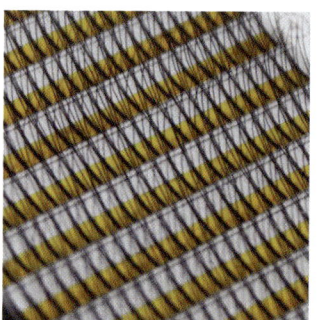 

*제품협찬 : 미인케어

▌속눈썹의 상품 형태

속눈썹 가모는 크게 벌크모와 Tape Sheet형의 두 가지 타입으로 판매된다. 10여 년 전 초기 재료시장에서는 가닥모 형태의 벌크모가 성행하였으나, 시장이 다양화되고 유통이 활발해짐에 따라 Tape Sheet에 정리되어 나오는 가모가 자리를 잡게 되었다.

① 벌크모

가모가 Tape Sheet에 정리되어 있지 않고 길이와 컬별, 컬러의 분류대로 뭉치모를 만들어져 통에 판매되는 눈썹이다.

- 장점 : 가격이 상대적으로 저렴함
- 단점 : 시트정리가 되어있지 않고 뭉치모로 되어있기 때문에 시술시 가모를 골라 잡아야 하므로 시간이 오래 걸림. 단, 벌크모에 익숙해진 시술자들은 불편함이 없음

벌크모의 종류

- 컬 : J, JC, C, CC, 일자모, 언더모
- 굵기 : T 0.10, 0.15, 0.20, 0.25
- 길이 : 5~15mm까지 다양
- 컬러 : BLACK, BROWN, RED, PURPLE, BLUE 등

② Tape Sheet형

속눈썹 미용 산업이 발달함에 따라 수요와 공급이 급격하게 증가하기 시작했고, 재료 또한 새로운 상품으로 계속 보완되고 있다. 벌크모보다는 좀 더 고급화된 Tape Sheet형을 선호하고 있는 추세이다.

- 장점 : 가모가 길이, 컬, 컬러, 굵기 등에 따라 가지런하게 Tape Sheet에 정리되어 있다. 따라서 시술 시 사용이 편리하며 시술시간의 단축이 가능하고, 위생상으로도 사용하기 바람직한 형태이다.
- 단점 : 질이 좋지 않은 Sheet의 경우 테이프의 끈끈이가 가모에 붙어있게 되어 시술 시 깔끔함이 감소하게 된다. 또한 가모가 유통되는 동안 지나치게 오랜 시간 방치되는 경우에는 끈끈이에 변화가 생길 수 있으므로 사용기간을 준수해야 한다.

Tape Sheet형 종류
- 컬 : J, JC, C, CC, R, B, L, 뷰러컬, 일자모, 언더모
- 굵기 : T 0.07, 0.10, 0.12, 0.15, 0.18, 0.20, 0.25
- 길이 : 7~15mm까지 다양
- 컬러 : BLACK, BROWN, RED, PURPLE, BLUE, DARK GREEN, YELLOW, WINE 등

2 속눈썹 연장시술 도구

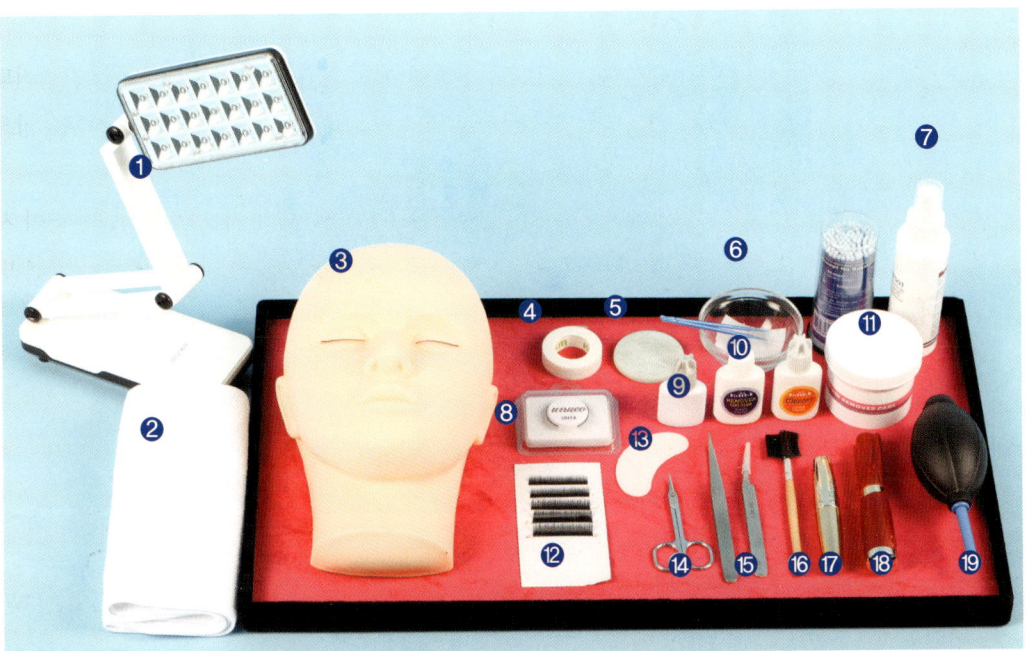

❶ 스탠드 ❷ 가 운 ❸ 마네킹
❹ 연장전용테이프 ❺ 글루판 ❻ 마이크로 브러쉬
❼ 손소독제 ❽ 일회용 속눈썹 ❾ 글 루
❿ 리무버 ⓫ 전처리제 ⓬ 가 모
⓭ 아이패치 ⓮ 가 위 ⓯ 핀 셋
⓰ 속눈썹 브러쉬 ⓱ 영양토닉 ⓲ 속눈썹 고데기
⓳ 속눈썹 드라이어

글 루

속눈썹 연장시술에서 가모를 붙일 때 사용하는 시술제품

KC 안전인증허가

속눈썹 연장술은 인체의 가장 민감한 부분 중 하나인 눈에 근접하게 이루어지는 시술이다. 따라서 고객의 안전과 직결되는 중요한 부분으로 반드시 안전인증을 받은 글루를 사용하여야 한다.

글루의 유통기한

글루는 별도의 유통기한을 가지고 있지 않다. 하지만 글루 본연의 화학적인 기능은 3개월 이내이며, 가장 사용하기에 적당한 기간은 1개월 이내이다. 시간이 지날수록 글루의 접착력이 약해지므로 그 이상의 기간이 지난 글루는 폐기하는 것이 바람직하다.

글루의 보관방법

- 처음 글루를 사용할 때는 흰 글루와 검정 글루의 침전현상을 없애기 위해 좌우로 30회 이상 흔들어 사용한다.
- 글루를 짜서 덜어낸 후에는 글루를 바로 세우고 통 속의 공기를 빼낸다.
- 사용한 글루는 입구 부분을 깨끗하게 닦아 뚜껑을 닫고 보관한다.
- 냉장보관 또는 서늘한 실내온도에서 마개를 잘 잠근 후 지퍼 백에 넣어 보관한다.
- 글루는 반드시 세워서 보관해야 한다.
- 여름철 글루 보관 시 냉장보관과 실온 사이의 온도차가 크면 글루가 부글거릴 수 있다.

핀셋

속눈썹 연장에 사용되는 핀셋은 종류에 따라 그 모양과 재질이 다양하며, 일반적으로 두 개를 한 쌍으로 사용한다. 따라서 시술자는 본인의 기술적인 테크닉에 맞는 제품을 사용하는 것이 일반적이며, 반드시 핀셋이 위험요소가 있는 도구임을 인지하고 사용에 주의를 기울여야 한다. 속눈썹 핀셋의 재질은 STAINLESS STEEL(스테인리스)이다.

핀셋의 종류와 용도

핀셋은 모양에 따라 일자형태의 핀셋, 45도 곡자핀셋, 완전 곡자핀셋, 끝만 곡자인 핀셋 등으로 구분할 수 있으며, 최근에는 정전기 방지와 부식방지에 좋은 핀셋을 사용하기도 한다.

- 일자핀셋 : 가장 보편적으로 사용하는 핀셋으로 자연인모를 가르는데 사용
- 곡자핀셋 · 45도 곡자핀셋 : 속눈썹 가모를 잡는데 사용

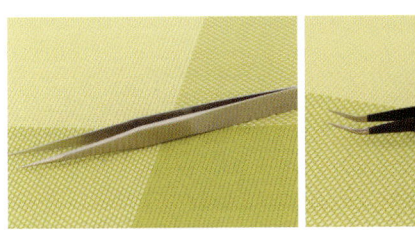
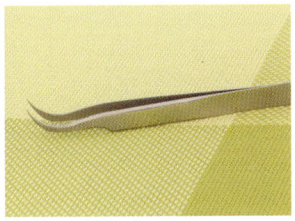

일자핀셋   45도 곡자핀셋   곡자핀셋

핀셋의 보관방법

- 핀셋을 사용하지 않을 때에는 반드시 알코올로 닦아 자외선 소독기에 소독한 후 보관한다.
- 시술 전에도 소독을 한 후에 사용하도록 한다.
- 핀셋의 날카로운 부분은 자칫 떨어뜨리거나 다른 곳에 부딪치게 되면 끝이 굽어 무뎌질 수 있다. 끝이 굽어 무뎌지면 가모를 잡기 불편해지므로 반드시 고무마개를 사용하여 보관하도록 한다.
- 시술자의 도구는 개별적으로 본인에게 익숙한 제품을 사용하는 품목이므로 속눈썹 핀셋집에 보관하여 본인핀셋을 구분하여 사용하도록 한다.

리무버

속눈썹에서 가모가 분리될 수 있도록 해주는 무색무취의 제품이다. 잘못 시술된 가속눈썹을 제거할 때나 시술 후 리터치 시에 교체해야 하는 속눈썹 가모를 제거할 때 사용한다. 리무버는 눈에 자극이 되는 침투성 시술이 이루어지지 않도록 각별히 주의하여 사용해야 한다.

리무버의 종류

종 류	타 입	특 징
LIQUID REMOVER	액체 타입	• 초보자 사용금지 • 눈에 흐를 수 있으므로 주의해서 사용 • 쉽게 흘러내림
GEL REMOVER	젤 타입	• 눈에 흐르는 점도가 액상이 아니므로 전문가용으로 사용 • 흘러내리지 않음
CREAM REMOVER	크림 타입	• 안전하지만 액체나 젤 타입에 비해 제거에 시간이 많이 소요됨 • 완전고착형

리무버 보관방법

- 개봉한 후에는 2개월 이내에 사용할 것을 권장한다.
- 직사광선을 피하여 실온보관한다.

전처리제

속눈썹 시술 전에 인체의 모발에 흐르는 유분과 먼지 등을 제거하기 위한 역할을 한다. 전처리제는 모발의 큐티클 라인의 유분을 제거해줌으로써 속눈썹 연장 시술 후 지속력과 밀착력을 더욱 강화시켜준다.

전처리제의 종류

| 퍼프형 | 액상형 | 스프레이 액상형 |

※ 래쉬샴푸 - 눈에 자극이 없이 버블의 형태로 씻어주는 형태의 제품

▌속눈썹 코팅제

속눈썹 연장 후 유지기간을 연장하기 위해 속눈썹에 코팅을 하여 연장가모와 속눈썹모의 재접착을 유도하는 역할을 한다. 시술이 끝난 후 살짝 말린 후에 시술 부위에 발라준다.

▌아이패치 및 연장전용테이프

아이패치 및 연장전용테이프의 역할

- 속눈썹 연장 시 언더라인의 속눈썹을 구분하기 위한 도구
- 언더라인의 속눈썹을 구분하여 연장눈썹의 형태나 모양이 제대로 시술될 수 있도록 함
- 눈가피부를 속눈썹 핀셋으로부터 보호
- 기능적으로 아이패치를 사용하는 것을 선호하며 3M 테이프는 보조기능으로 사용하는 것이 일반적이나 아이패치, 3M 테이프뿐만 아니라 종이테이프까지 각자의 기호에 맞혀서 사용함

아이패치

- 속눈썹 연장전용 하이드로겔 아이패치로 무광코팅이 되어있음
- 테이프의 강한 접착력으로 인한 부작용을 방지
- 주름개선, 다크서클 완화, 눈가보습의 효과를 함께 제공하는 속눈썹 연장시술의 중요 소모품
- 속눈썹 연장시술 초기에는 3M 의료용 테이프로 언더눈썹을 가리는 방법을 사용했으나, 대략 7~8년 전부터는 아이패치가 사용이 많아지면서 좀 더 안전하고 건강한 시술이 가능해짐

3M TAPE

- 속눈썹 연장 시 언더눈썹을 가리기 위한 역할
- 접착을 최소화시킨 후 사용해야 함
- 장점 : 얇은 테이프 타입이므로 눈가의 속눈썹 라인을 형태에 따라 섬세하게 가려낼 수 있음
- 단점 : 접착력이 강하므로 시술시간이 길어질 때는 언더 속눈썹 라인의 피부를 손상시킬 수 있음. 또한 보풀의 미세한 실부분이 시술 후 눈썹에 달라붙어 불편함을 초래할 수 있음

코팅 테이프

- 언더라인의 모양으로 만들어진 속눈썹 연장 도구
- 장점 : 저렴한 가격, 화이트 컬러이기 때문에 속눈썹 시술 부위를 돋보이게 함

아이패치

3M 테이프

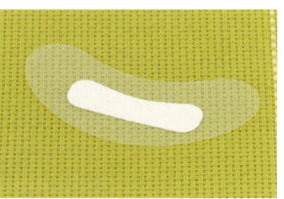

코팅테이프

속눈썹 드라이어

속눈썹 시술 후에 글루의 빠른 건조를 위하여 사용한다.

▍속눈썹 고데기

시술에 들어가기 전 아래로 처진 속눈썹을 올리고 시술할 때 사용한다.

▍속눈썹 메이크업 박스

속눈썹 재료를 정리하고 재료를 세팅하는 역할을 하는 도구이다. 최근에는 다양한 컬러, 다양한 재질, 다양한 디자인의 속눈썹 메이크업 박스가 등장하고 있다.

속눈썹 소모품

베 드	글루판	마네킹
스탠드	속눈썹 브러쉬	헤어캡
속눈썹 영양토닉	터 번	시술마스크

- **베 드** : 피시술자가 누워서 시술을 받을 수 있는 베드
- **의 자** : 속눈썹 시술 시에 사용되는 의자(시술자가 편한 의자로 선택)
- **글루판** : 시술하는 동안 글루를 짜놓기 위해 사용하며 옥돌과 크리스탈이 있음
- **스탠드** : 시술부위를 밝혀서 편안한 상태의 시술이 가능하게 함
- **시술확대경** : 가모와 인모가 잘 보일 수 있도록 도와주는 도구
- **가 위** : 가모의 규정사이즈 교정 시 사용
- **브러쉬** : 시술 전, 후로 속눈썹을 고르게 정리
- **속눈썹 가모정리대** : 속눈썹 가모를 길이별, 컬별로 정리할 수 있는 정리장
- **속눈썹 위생제품** : 마스크, 테이프, 가운, 터번, 핀셋보관지갑 등

03 시술 준비 워밍업
Warming-up

본격적인 속눈썹 연장시술에 들어가기 전, 준비 단계에 해당하는 것들을 알아보자. 특히 시술 재료와 도구는 시술자의 트레이에 목록별로 준비하여 시술 시 불편함이 없도록 해야 한다.

 시술자의 자세

속눈썹 연장은 눈의 점막에 위치한 속눈썹에 핀셋으로 가모를 한 올씩 올려 시술하는 작업으로, 비교적 민감하고 세균에 취약한 눈 가까이에서 이루어지는 시술이다. 따라서 반드시 청결과 위생에 신경을 써서 시술이 이루어져야 한다.

- 항상 손과 도구의 청결 상태를 유지(눈가의 세균감염 방지)
- 마스크와 헤어캡 착용패치

 시술도구의 준비

베드 · 의자 조절

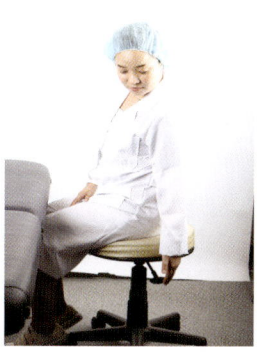

편리한 시술을 위하여 베드와 의자 사이의 간격을 조절하고, 시술자와 피시술자의 앉은키에 비례하여 의자의 높낮이를 조절한다.

손 소독

시술 시에는 깨끗한 손으로 청결을 유지해야 하므로 손을 미리 소독한다.

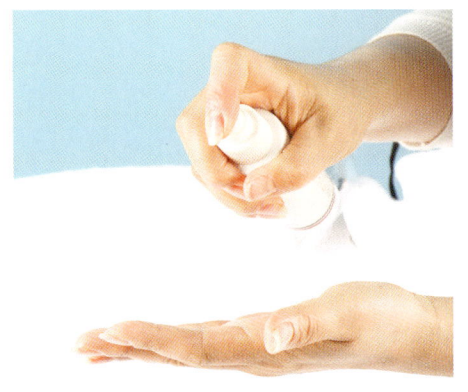 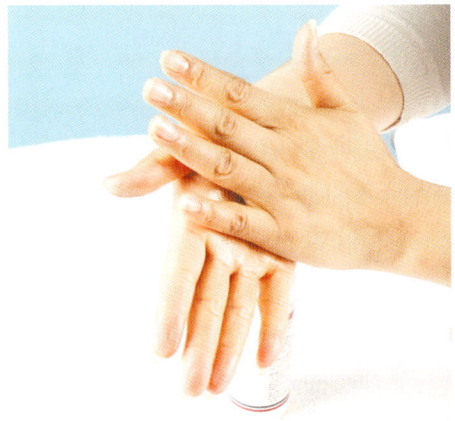

핀셋 소독

핀셋과 같이 소독이 필요한 도구는 시술 전에 자외선 소독기나 알코올을 이용하여 소독한다.

 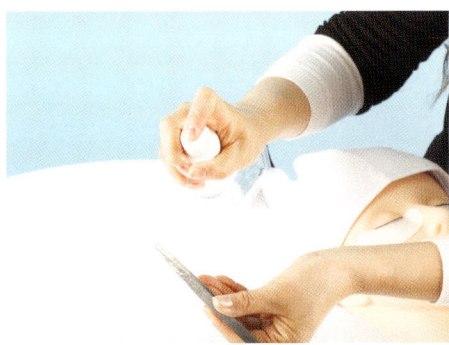

자외선 소독기를 이용한 소독   알코올 소독

터번 감싸기(기본테크닉에 사용)

시술자와 피시술자의 피부접촉을 피하기 위하여 이마에 터번을 깨끗하게 감싼다.

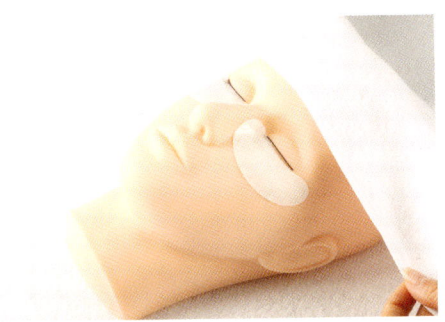 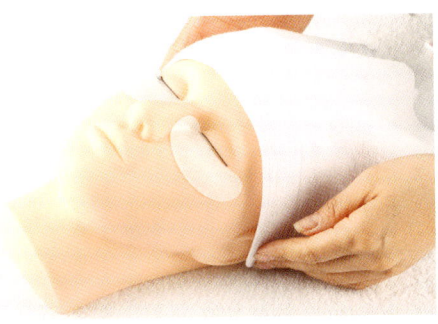

연습용 속눈썹 준비(기본테크닉에 사용)

 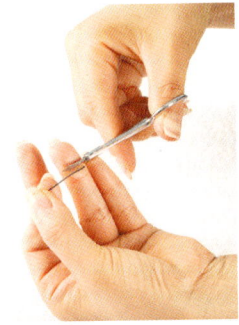 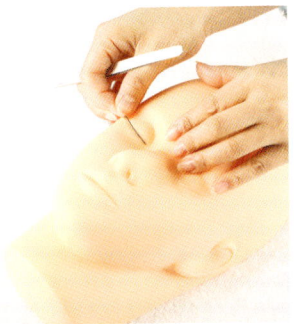

연습용 가속눈썹을 준비한다.　　연습용 속눈썹을 5mm 정도 남기고 가위로 속눈썹 라인에 따라 자른다.　　연습용 속눈썹에 글루를 묻혀 속눈썹 연장전용 마네킹에 붙인다.

 Tip
- 연습용 속눈썹을 붙일 때는 눈썹을 세워서 붙여야 한다.
- 붙인 후에 바로 핀셋으로 들어 올려주면 더욱 연습에 용이하다.

속눈썹 재료 준비

속눈썹 연장에 사용할 가모를 미리 세팅하여 놓는다. 이 때 가모는 피시술자와의 상담을 통해 정해진 컬과 가모의 길이로 5가지 정도 준비한다.

글루 준비

글루는 30회 이상 양옆으로 흔들어서 글루판에 90도로 세워 따른다.

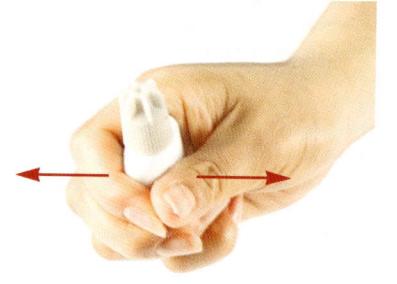 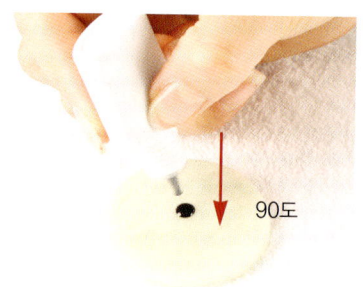

기타 시술도구 준비

- 아이패치는 1인 사용 분량만 준비한다.
- 전처리제를 준비한다.
- 휴지를 버릴 수 있는 비닐봉지를 베드에 장착한다.
- 그 외 사용되는 소모품을 전체 트레이에 세팅한다.

04 탄탄한 실력을 위한 기본테크닉
Basic Technique

속눈썹 연장술에서 기본적인 테크닉이 확실하게 갖추어져 있지 않으면 실전에서 시술할 때 잘못된 습관과 방법으로 많은 오류를 범할 수 있다. 정확한 기본테크닉이 안정적인 실무테크닉을 만들어 낼 수 있으므로 기본테크닉을 확실하게 습득하도록 하자.

핀셋 잡는 법

핀셋의 올바른 사용은 가장 기본이 되는 부분으로 핀셋 잡는 법은 매우 중요하다.

- 시술에 사용할 핀셋 두 개를 양손으로 잡는다(가모를 잡는 손은 곡자핀셋, 인모를 가르는 손은 일자핀셋).
- 핀셋 사용 시 엄지와 검지로 자유롭게 텐션이 가해질 수 있어야 하며, 움직임이 편안하도록 핀셋을 잡는다.
- 핀셋을 잡을 때는 손의 힘이 가볍게 양손에 배분되어야 한다. 지나치게 힘이 가해지는 경우 피시술자의 이마나 얼굴에 힘이 가해져 불편함을 초래할 수 있다.
- 핀셋은 끝이 날카롭고 뾰족한 도구로 항상 위험성을 동반한다. 혹시라도 고객의 눈을 찌르거나 스치는 행동을 하지 않도록 반드시 주의해서 사용하도록 한다.

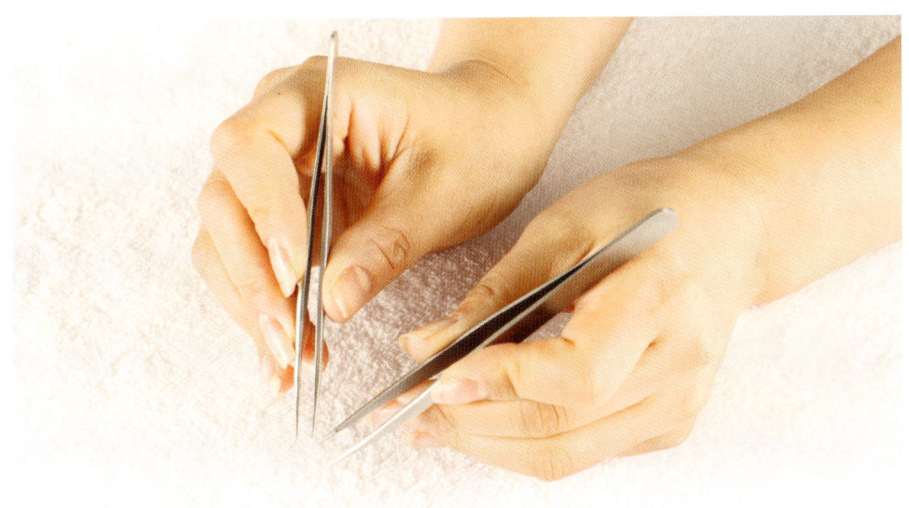

마네킹 속눈썹 가르는 법

속눈썹 전용 마네킹에 일회용 눈썹을 붙이고 속눈썹을 가르는 연습을 한다.

①
가모의 모양이 가지런하게 정돈될 수 있도록 속눈썹 브러쉬로 가모를 쓸어 빗어준다.

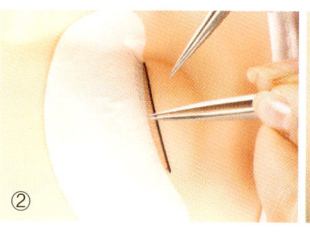
②
아이라인의 피부나 눈매의 선을 건들이지 않도록 주의하면서 핀셋으로 속눈썹 연습모를 가른다.

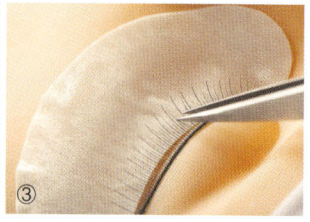
③
시술하고자 하는 눈썹모의 중앙 센터에 위치한 눈매기준점 한 올만 가른다.

Tip 2~3올을 가르게 되면 정확한 1:1 시술이 이루어지지 않고, 시술 후 눈매를 자극하거나 견인성 탈모의 원인이 될 수 있다.

핀셋의 방향과 각도

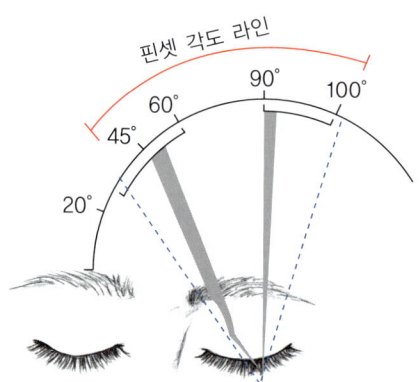

눈썹을 가르는 핀셋은 세워서 잡아야 핀셋 끝이 한 올만 가르기 편하다. 또한 손과 핀셋의 방향은 붙이고자 하는 가모의 가르는 방향의 핀셋 각도 라인에서 들어가야 한다.

자연인모 가르는 법

실제 시술 시에 핀셋을 사용하여 고객의 인모를 가르는 방법이다.

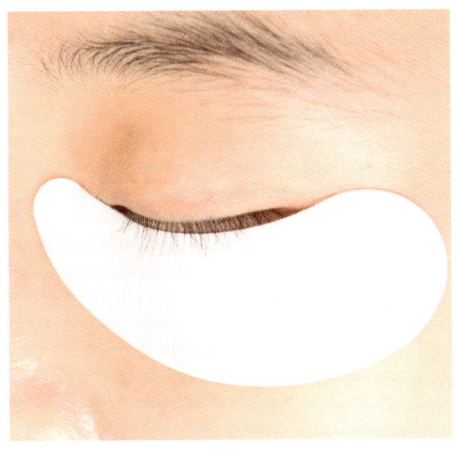 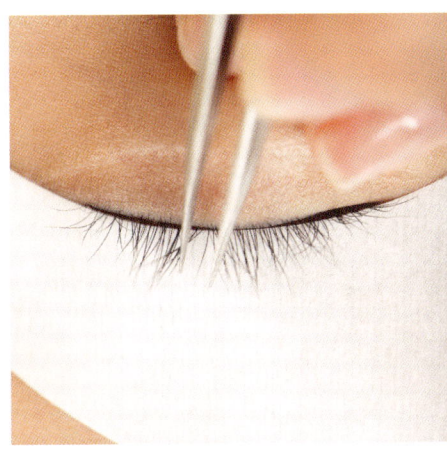

1. 자연인모를 속눈썹 빗으로 고르게 정리한다.
2. 아이라인의 눈매에 닿지 않도록 주의하며 마네킹 속눈썹 가르는 법에서 설명한 방향과 각도로 핀셋을 세워서 들어간다.
3. 인모의 1:1 시술이 가능하도록 한 올씩 옆 인모와 겹치지 않게 정확한 가름선(속눈썹 인모를 한 올만 가르는 핀셋의 방향)을 만든다.
4. 자연인모의 가름선이 완벽할수록 시술에 편안함을 줄 수 있다.

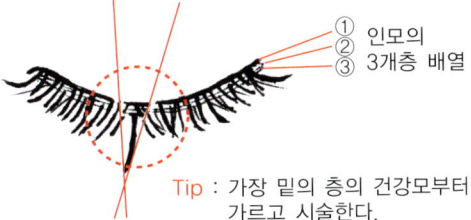

① ② ③ 인모의 3개층 배열

Tip : 가장 밑의 층의 건강모부터 가르고 시술한다.

> 사람의 속눈썹은 3~4개 층으로 나뉘어 있는데, 가장 밑층의 건강모부터 가르도록 한다. 아래층에 있는 속눈썹부터 먼저 시술해야 시술이 끝난 후에 모양이 변화하지 않는다.

가모 떼고 잡는 법

한손으로 핀셋을 잡고 가모를 한 올씩 떼는 연습을 해보자.

가모잡고 앞으로 떼기 ①
핀셋으로 가모의 2/3지점을 잡고 정면으로 들어 올리면서 가슴방향으로 떼어낸다.

45도 사선방향으로 가모잡기 ②
떼어낸 가모를 가모방향이 45도 사선방향이 되도록 잡는다.

가모를 잡고 시술 ③
육안으로는 가모의 앞 뒤 구분이 없는 것처럼 동그랗게 보이지만, 가모에는 정면과 측면이 존재하므로 정확한 정면을 잡고 시술해야 한다.

Tip
- 가모를 잡을 때 핀셋에 너무 큰 힘을 가하면 가모가 구부러질 수 있으므로 부드러운 느낌으로 가모를 잡는다.
- 가모의 방향이 돌아가거나 사선방향이 되지 않으면 디자인을 완성했을 때 한 올씩 틀어질 수 있다.

가모를 잡는 위치와 각도

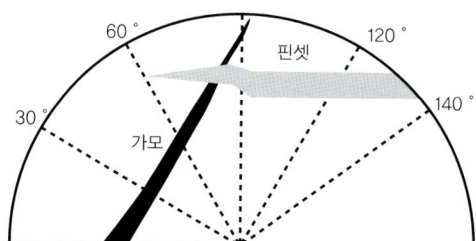

핀셋으로 가모를 잡을 때는 가모의 2/3 지점을 정확하게 잡아야 한다. 또한 가모의 방향이 사선방향을 이루어야 팔과 손목이 돌아가지 않아 시술 동선이 커지지 않고 시술을 할 수 있다.

잘못된 가모 떼고 잡는 법

직각 가모 잡기(X)　　　　　　　　안으로 휘어잡기(X)

글루 사용법

속눈썹 글루에 가모를 적시는 방법을 알아보자. 글루 사용에서 가장 중요한 포인트는 글루가 흐르지 않도록 적당한 양을 묻히는 것이다.

① 글루를 양 옆으로 충분히 흔든 후에 글루판에 짠다.

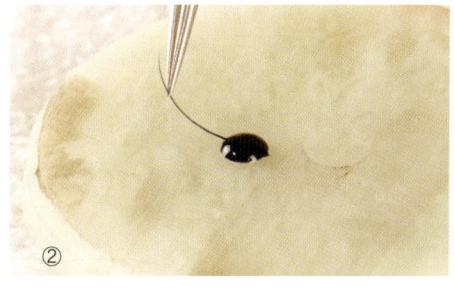

② 가모를 글루쪽으로 천천히 밀면서 묻힌다.

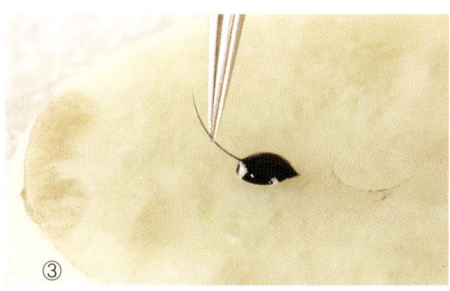

③ 가모에 멍울이 생기지 않도록 천천히 묻힌다.

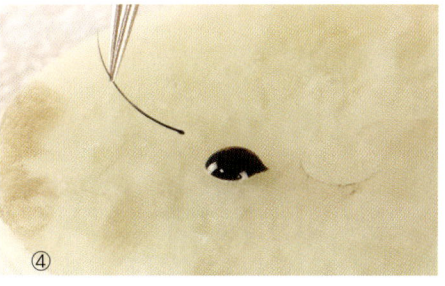

④ 가모의 글루양 조절을 완성한다.

- 글루판에 짜놓은 글루에 가속눈썹을 핀셋으로 쥐고 천천히 1/2지점까지 Step by Step으로 슬라이딩하여 담근 후 다시 Step by Step의 스텝으로 묻혀낸다.
- 가모에 글루가 멍울지지 않도록 해야 하며, 멍울이 생겼을 때에는 글루를 덜어낸 후 시술한다.

올바르지 않은 글루 사용량의 예

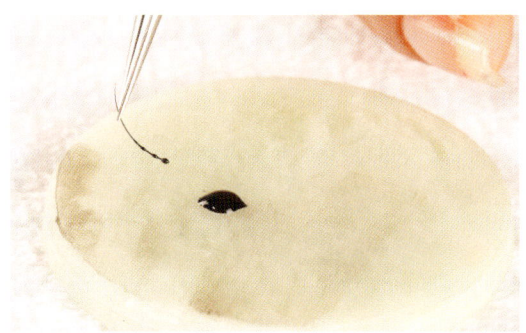

 아이패치 붙이는 법

눈매의 아이라인 곡선을 맞추어서 동공을 찌르지 않도록 언더눈썹을 가리는 작업

마네킹에 아이패치를 붙이는 경우

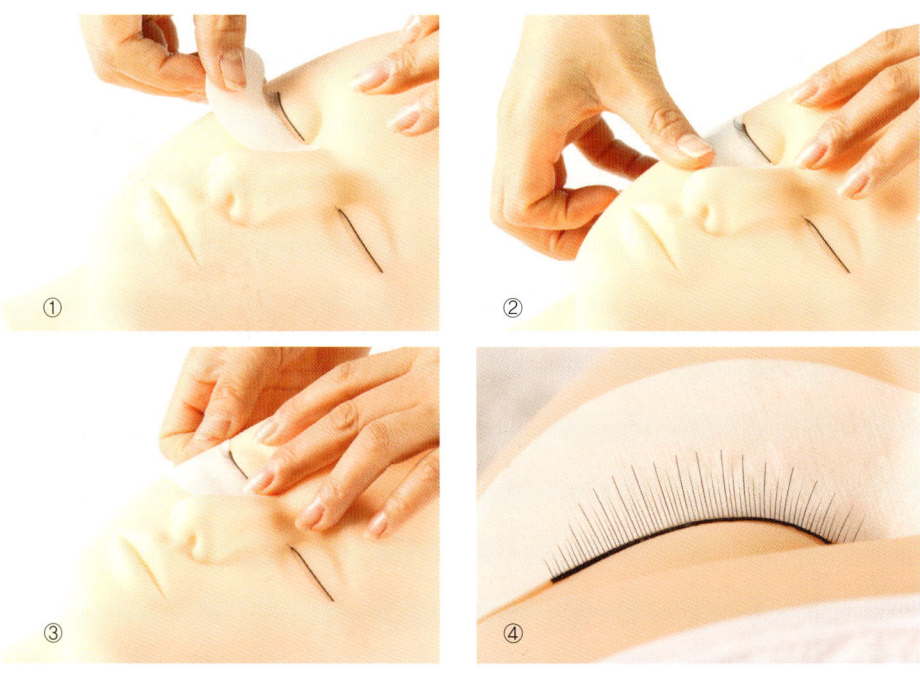

피시술자에게 아이패치를 붙이는 경우

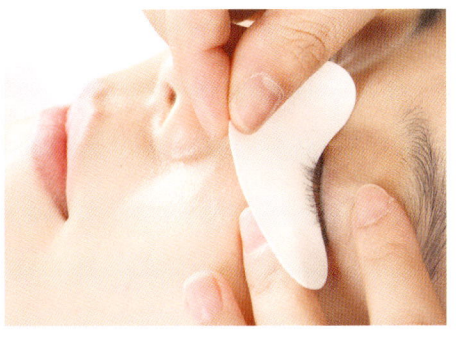 

- 눈의 곡선에 맞게 크기를 잰 후 아이패치를 붙인다.
- 눈매와 맞추어 눈꼬리 부분이나 눈의 앞부분부터 붙여나간다.
- 아이패치를 완전히 붙인 후 눈을 감았을 때 편안하게 속눈썹 모양의 형태가 나타나야 한다.

> **Tip** 아이패치는 눈을 감은 상태에서 붙여야 눈가 근육의 변화를 일으키지 않고 속눈썹 자연인모의 모양이 그대로 나타날 수 있다.

아이패치를 잘못 붙인 경우

- 아이패치를 붙인 후 눈썹이 삐뚤어졌다면 잘못 붙인 경우에 해당한다.
- 아이패치를 잘못 붙이면 눈 안의 동공에 자극을 줄 수 있기 때문에 피시술자가 눈물을 흘리는 등 시술 시에 불편함을 느끼게 된다.

속눈썹 유분제거

속눈썹 유분제거는 속눈썹 연장의 지속력, 밀착력을 높이기 위한 필수 단계이다.

① 미지근한 물을 퍼프에 묻혀 눈가 아이라인 부분의 피부각질이나 화장품 이물질을 깨끗하게 닦아낸다.
② 패드형 단백질제거제를 반으로 접어서 반은 눈 밑에 반은 눈 위에 올려 검지와 중지로 닦아낸다(모근에 생기는 유분 제거).
③ 면봉에 전처리제를 묻혀 아이라인과 모근, 눈썹모의 사이사이를 깨끗하게 닦아낸다(속눈썹 연장 시 유지기간을 늘리는 중요한 단계).

 ## 글루터치 방법

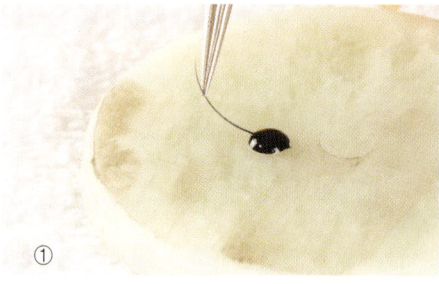

①
글루 묻히기
글루의 양이 많은 경우에는 글루가 흘러 피부에 접착될 수 있으므로 반드시 적당한 양을 묻힌다.

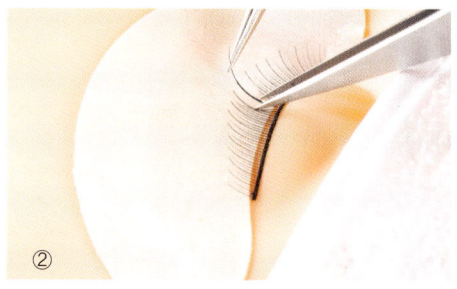

②
글루터치
가모에 글루가 방울지지 않은 상태에서 모의 1/3 지점에서 시작하여 끝부분까지 위로 쓸어준다(반드시 끝부분까지 쓸어야 끝모까지 밀착된다).

글루터치 도식화

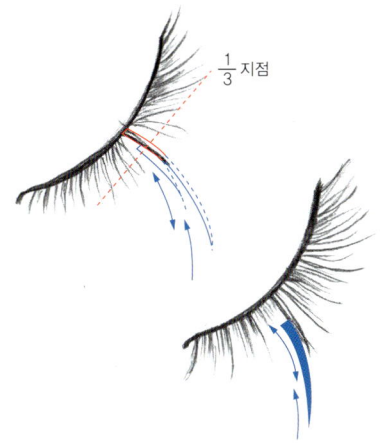

$\frac{1}{3}$ 지점

- 피부에 글루가 묻으면 각종 피부염과 알레르기 반응을 유발할 수 있다.
- 글루의 양 조절이 제대로 이루어지지 않으면 시간이 지나면서 눈썹의 뿌리면에 글루가 고체로 굳어 시술 후에 피시술자가 눈이 무겁고 아픔을 느낄 수 있다.
- 글루의 양 조절에 실패하는 경우에는 인모의 1 by 1 시술이 어려워진다.

 ## 가모 붙이는 법

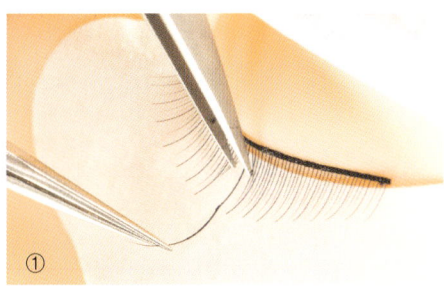

① 글루를 묻힌 가모를 모에 쓸어준다(글루터치).

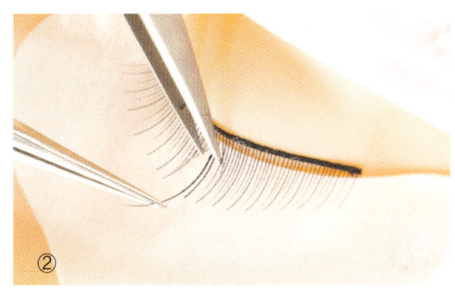

② 가모를 인모의 2/3지점(뿌리부터 2/3)부터 아래로 45° 각도로 슬라이딩하여 밀착시킨다.

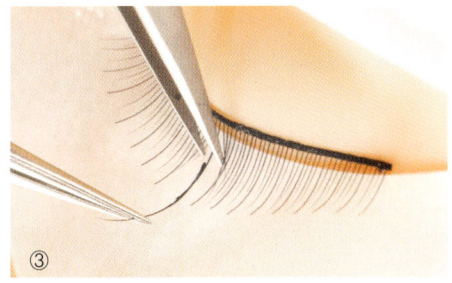

③ 아이라인에서 1mm 떨어진 간격에서 인모뿌리를 고정한다. 뿌리부분 터치 시에는 뿌리가 고정될 수 있도록 2~3초정도 시간을 갖는다.

④ 밀착과 고정이 끝나면 인모 아랫부분을 핀셋으로 쓸어 마무리한다. 뿌리부분부터 인모의 줄기 끝부분까지 가모와 완전 밀착되었는지 확인한다.

Tip 고정을 위한 시간차는 정확한 위치선정과 방향을 잡기위한 방법이다.

인모뿌리 고정방식

인모와 가모를 정확히 밀착시키기 위하여 가모를 45도 사선으로 인모에 밀착하면서 가모의 뿌리부분을 인모와 정확하게 밀착시켜 2~3초간 고정시키는 뿌리 고정방식이다.

속눈썹 가모가 잘못 시술된 경우의 부작용

- 가모의 뿌리가 정확하게 시술이 되지 않은 경우
  뿌리부분이 피시술자의 눈을 찌를 수 있다.

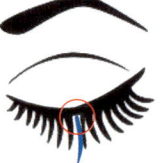

 Tip 뿌리부분이 완벽히 고정되지 않으면 쉽게 탈락하게 되고 피부에 자극을 주게 된다.

- one by one 시술이 이루어지지 않은 경우
  인모가 함께 뜯어 뽑히는 현상이 나타나며 뿌리부분의 시술이 정확하게 이루어지 않으므로 속눈썹이 손상된다.

- 지나치게 피부로부터 간격을 많이 띄워 가모를 붙인 경우
  연장된 가모의 무게와 연장되지 않은 인모부분의 무게의 차이가 커져 힘을 받지 못하므로 눈썹이 휘청거리게 된다.

- 글루를 속눈썹에 일정하게 쓸어주지 않은 경우
  글루가 제대로 묻지 않아서 가모와 자연인모 사이에 빈 공간이 생기게 되기 때문에 유지기간이 줄어들게 된다.

- 뿌리에서 줄기 끝부분까지 모아서 붙이지 않는 경우
  시술 유지기간이 줄어들고 가모가 돌아가거나 휘어지게 된다. 밀착 면적이 많을수록 유지기간이 길어진다.

10 가모 제거방법

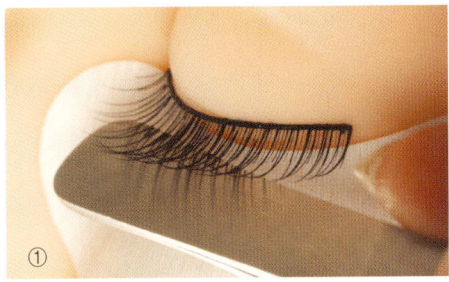
① 가모연장 아래를 핀셋으로 받친다.

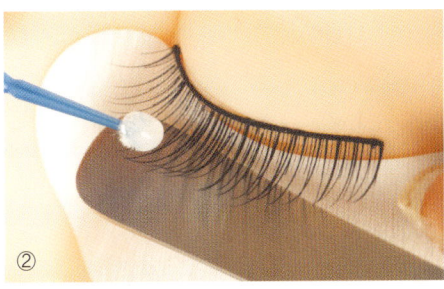
면봉에 리무버를 묻혀 준비한다.

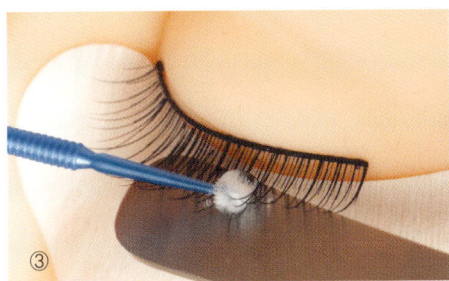
리무버가 묻은 면봉을 가모에 밀어내듯 꼼꼼히 바른다.

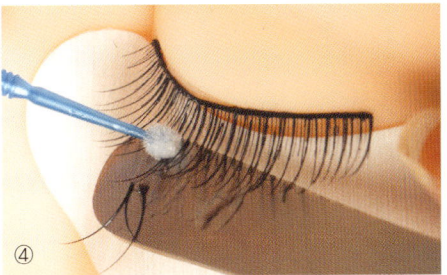
일정시간 후 가모를 밀어 떼어낸다.

① 속눈썹에 붙어있는 가모를 중심으로 마이크로 면봉에 리무버를 묻힌다.
② 속눈썹 밑에 나무로 된 스파츌러를 받히고 마이크로 면봉의 리무버를 속눈썹에 꼼꼼히 바른다.
③ 아이라인 부분의 안전을 위해 면봉으로 속눈썹에 묻은 리무버를 살짝 닦아 흐르는 것을 방지한다.
④ 리무버를 바르고 5초 정도 기다린 후 가모를 면봉으로 밀어 제거한다.
⑤ 제거 시에 리무버가 눈 안에 들어가지 않도록 주의해야 하며, 눈 밑의 아이패치는 새로운 것으로 교체하여 시술한다.

11 속눈썹 영양케어

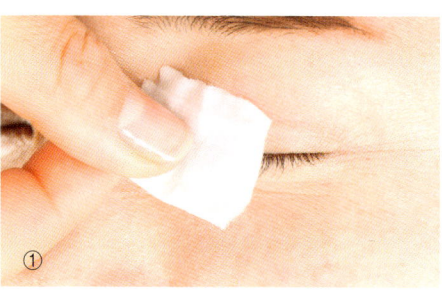

① 속눈썹 닦기
미지근한 물을 사용하여 속눈썹의 모근과 앞머리, 뒷머리를 구석구석 닦는다.

② 면봉으로 이물질 제거
면봉으로 아이라인 주변의 이물질을 깨끗하게 닦아낸다.

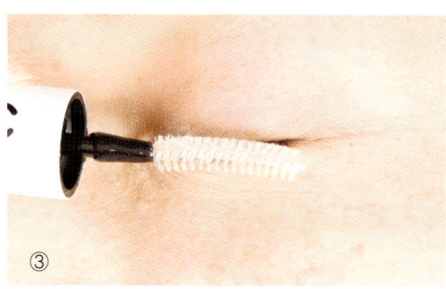

③ 영양제 투여
이물질 제거가 끝나면 영양제를 투여한다.

④ 성장제 투여
눈 주변 정리와 함께 마무리로 성장제를 투여한다.

05 업그레이드 기초디자인테크닉
Basic Design Technique

속눈썹 디자인이란 눈매의 유형과 연장하려는 스타일에 따라 알맞은 제품과 기술을 사용하여 속눈썹 모양을 디자인하는 것으로, 속눈썹 디자인 중 기초 디자인은 시술 후의 속눈썹 모양을 인모의 길이와 모류방향대로 가장 자연스럽게 만들어내기 위한 필수 테크닉이다. 기초 디자인이 제대로 되었을 때 완성 후의 속눈썹 모양이 부채꼴 모양으로 아름다운 형태가 될 수 있다. 고객 속눈썹 시술방법 중 가장 중요한 부분이 가모의 길이와 방향을 결정하고 기준점을 잡는 부분이므로 기초 디자인을 확실히 실습하도록 하자.

눈매 기준점(TOP LINE POINT) 디자인

가모의 길이선택
- 고객 속눈썹 모의 상태와 눈매를 고려하여 시술에 사용할 가모 중 가장 긴 길이를 선택한다.
- 눈매 기준점은 인모에서 가장 가운데 위치한 탑 부분(Top Line)으로, 탑 부분에 가장 긴 길이의 가모(Top Line Point)를 시술하여 기준을 잡는다.
- 고객의 인모가 너무 짧은 경우 인모와 비교하여 가모의 길이가 지나치게 길면 시술 유지기간 중에 가모가 쉽게 탈락하고 인모에 손상을 입힐 가능성이 커진다. 따라서 인모와 비교하여 너무 길지 않은 길이를 선택하도록 한다.

가모의 방향선택
- 가모의 방향은 부채꼴 모양의 디자인에서 가장 중요한 부분이다. 방향의 일관성이 지켜지지 않으면 안정된 모양이 만들어질 수 없고 결국은 고객의 불편함을 초래하게 된다. 올바른 방향과 각도로 이루어지는 시술이 아름다운 속눈썹을 만드는 최고의 기술이다.
- 눈매 기준점 가모의 시술방향은 직선을 유지한다.

올바른 부채꼴 모양의 시술방향

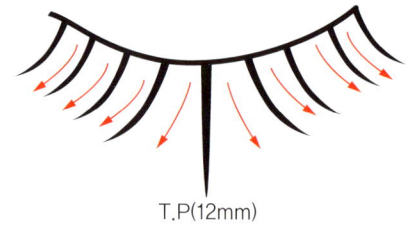

T.P(12mm)

※ 편의상 가장 긴 기장은 12mm, 준비된 가모는 8, 9, 10, 11, 12mm로 실습한다.

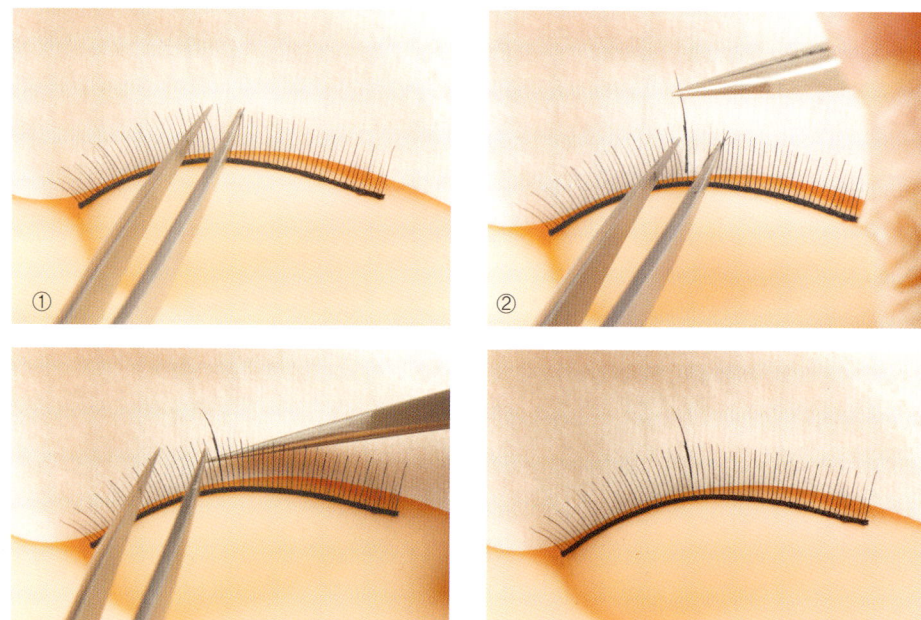

 앞머리(IN LINE POINT) 디자인

가모의 길이선택

앞머리에 사용하는 가모의 길이는 반드시 뒷머리의 가모 기장보다 짧아야 한다. 앞머리 중심(In Line Point)의 가모 길이가 너무 길면 눈의 앞쪽이 불편함을 느낄 수 있다.

가모의 방향선택

앞머리의 가모방향이 지나치게 눈의 안쪽(IN LINE)을 향하게 되면 눈을 찌르게 되는 현상이 발생할 수 있으므로 자연스러운 직선을 유지해야 한다.

앞머리 시술의 각도와 방향

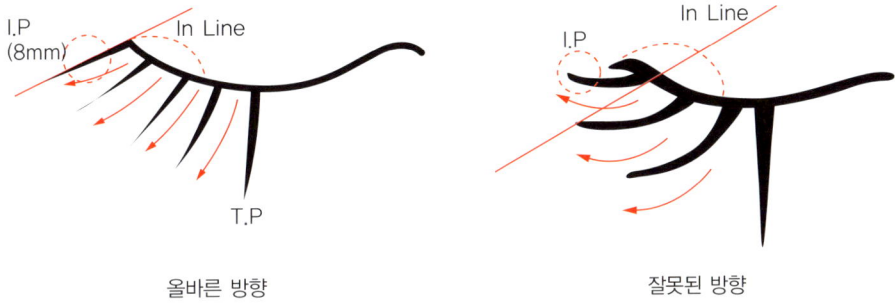

올바른 방향   잘못된 방향

※ 눈의 앞머리(I.P) 포인트점 시술 시 앞머리 2~3가닥의 인모는 제외하고 시술한다.

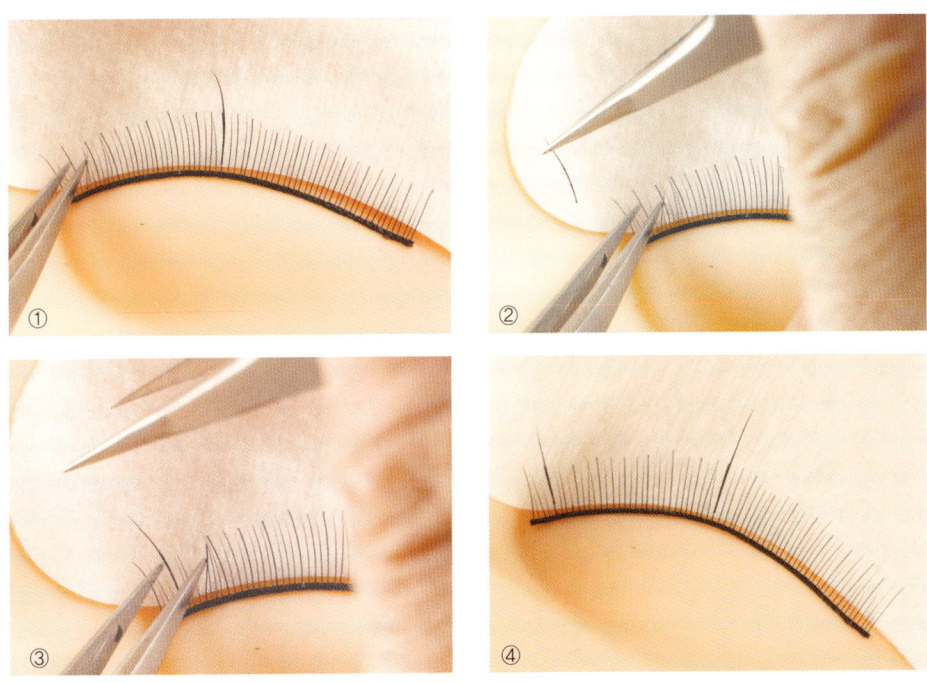

뒷머리(OUT LINE POINT) 디자인

가모의 길이선택

뒷머리의 가모 길이는 앞머리의 가모 길이(I.L.P)보다는 길고 눈매 기준점(T.L.P)의 가모 길이보다는 짧은 길이로 선택한다.

가모의 방향선택

뒷머리는 눈매의 가장 뒷부분이므로 사선의 방향이 가장 많이 Out Line(바깥쪽으로 많이 휘어진 각도)이 되어야 한다. 뒷머리 가모가 Out Line이 되어야만 전체적으로 부채꼴 모양의 각도가 만들어질 수 있다.

뒷머리 시술의 각도와 방향

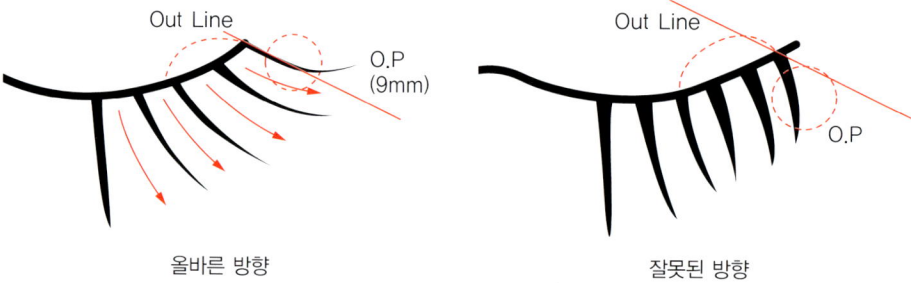

※ 눈의 가장 뒷머리 부분에 9mm를 시술한다.

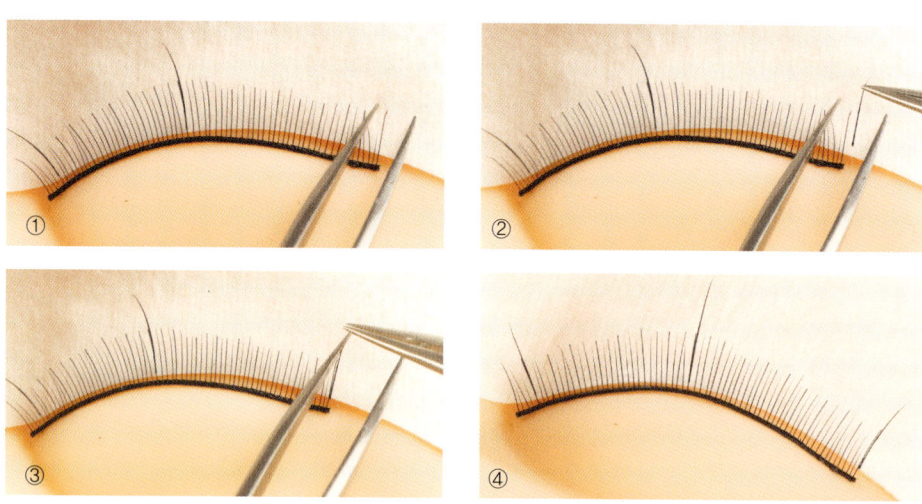

앞머리(I.P)와 눈매기준점(T.O.P) 사이의 중간모 디자인

가모의 길이선택

앞머리(In Line Point)와 눈매 기준점(Top Line Point) 사이에서 중심이 되는 부분을 10mm정도의 가모로 시술한다(중간모를 시술할 때는 반드시 부채꼴 모양의 동선이 맞는지 확인해야 한다).

가모의 방향선택

앞머리 쪽으로 자연스러운 직선으로 약간의 사선을 유지한다.

중간모 시술의 각도와 방향

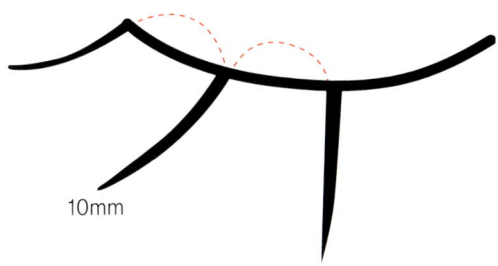

※ 앞머리와 눈매 기준점 사이의 중심은 10mm로 시술한다.

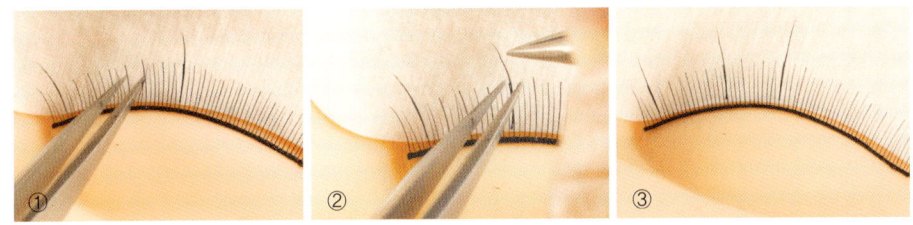

뒷머리(O.P)와 눈매 기준점(T.O.P) 사이의 중간모 디자인

가모의 길이선택

뒷머리(Out Line Point)와 눈매 기준점(Top Line Point) 사이의 중심 부분을 11mm로 시술한다. 만약 눈매의 폭이 좁은 경우에는 10mm로 시술하는 것도 가능하다(중간모의 경우는 눈매의 폭이나 눈매의 생김에 약간의 차이를 나타낸다).

가모의 방향선택

뒷머리와 눈매 기준점 사이의 중간모는 Top Line(90도 각도)에서 Out Line쪽으로 각도가 2~3도 사이의 사선방향이 되도록 시술해야 한다. 뒷머리와 눈매 기준점 사이의 중간모의 방향이 자연스러운 사선의 각도가 될 때 부채꼴 모양에서 가장 중요한 뒷머리의 라인이 제대로 만들어질 수 있다.

중간모 시술의 각도와 방향

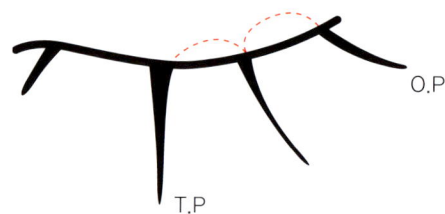

※ 눈매 기준점과 뒷머리 사이의 중심은 11mm로 시술한다.

부채꼴 디자인 완성과정

- 눈매 기준점들을 완성한 후에는 기준점들 사이로 가모를 채워나가면서 속눈썹 숱을 채운다.
- 10mm~12mm 사이는 10mm, 11mm, 12mm의 길이를 사용하고 10mm~8mm는 8mm, 9mm, 10mm의 길이를 사용하여 자연스러운 디자인을 만들어 나간다.
- 속눈썹 가모를 채울수록 숱이 늘어나면서 옆의 인모에 글루가 붙을 수 있으므로 양쪽 눈을 번갈아가며 시술하면 좀 더 안전한 1:1 시술을 할 수 있다.
- 가모의 숱은 한쪽 눈에 50모 이상이 되어야 하며, 양쪽 눈에 100모를 기본으로 시술한다. 완성 후에는 양쪽 눈의 속눈썹 숱이 비례해야 한다.

Tip 부채꼴 모양으로 디자인을 완성해나가는 과정은 각도의 변화와 길이의 선택이 매우 중요한 역할을 하기 때문에 많은 연습량을 필요로 한다. 디자인된 모양이 인체의 곡선에 맞게 이루어졌을 때 고객이 편안함과 아름다움을 함께 느낄 수 있다.

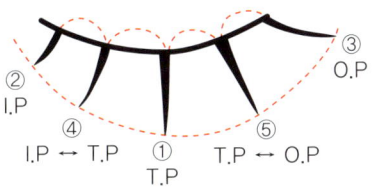

부채꼴센터 잡기순서

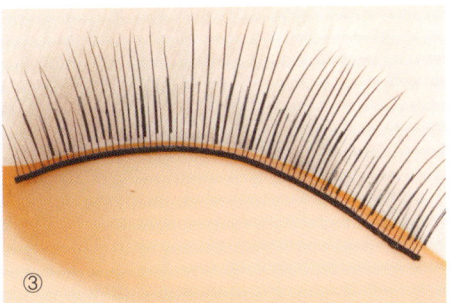

부채꼴 디자인 완성 확인

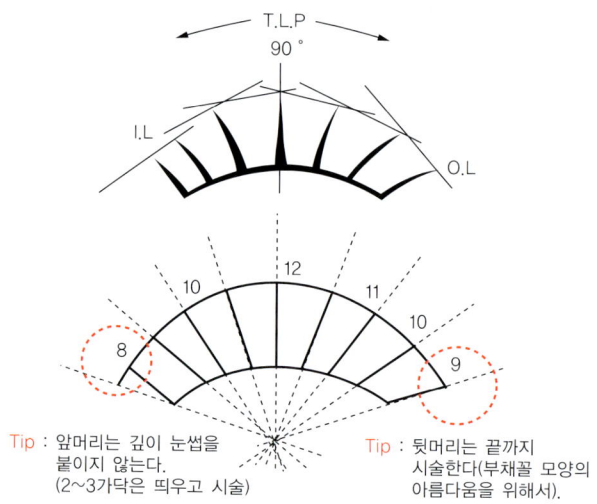

- 위의 그림처럼 완성된 디자인 라인이 부채꼴 모양인지를 반드시 확인한다.
- 디자인 완성 후 속눈썹 브러쉬로 위·아래를 빗어 빗에 걸리는 것이 없는지 확인한다.
- 디자인 완성 후 속눈썹 드라이어로 마무리한다.

전체 부채꼴모양 디자인 완성사진

눈 위

눈 측면

사선밑면

눈 아래

Special 01 속눈썹 미용의 종류와 발전

20세기 이후로 우리나라 여성들은 눈 화장에 큰 관심을 가지기 시작했고, 아찔하게 올라가는 속눈썹을 만들기 위하여 스스로 속눈썹 메이크업 기술을 습득하여 메이크업을 하고 있다. 속눈썹 메이크업은 20대와 30대의 젊은 여성이 메이크업 연령층의 80%를 차지하고 있으며, 이들은 속눈썹 연장 외에도 마스카라, 아이라인, 아이섀도, 속눈썹 염색·펌, 일회용 눈썹 등을 이용하여 자신만의 속눈썹 아름다움을 만들어 나가고 있다. 일반적으로 여성들은 아이메이크업에 하루 평균 20~30분의 시간을 투자하고 있으며, 특히 그 중에서 속눈썹의 아찔한 컬링의 아름다움을 만들어내기 위하여 큰 정성을 쏟고 있다.

아이래쉬 컬러(뷰러)

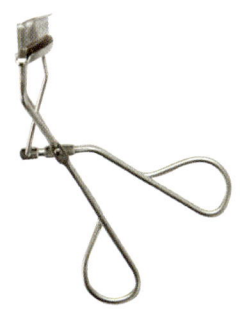

아이래쉬 컬러(뷰러)는 속눈썹의 컬링을 만들기 위한 도구로 동양인은 서양인과 달리 직모 속눈썹을 가진 사람이 많기 때문에 마스카라를 하기 전에 아이래쉬 컬러를 사용하여 처져있는 속눈썹을 올려주어야 한다.

아이래쉬 컬러를 사용할 때는 눈두덩을 살짝 들어 올린 후에 속눈썹 뿌리밑면과 뿌리윗면을 고무패킹에 넣어 15도로 살짝 올려주면서 집어준다. 아이래쉬컬러는 마스카라를 사용하기 전에 사용하며, 아이래쉬 컬러 후에 마스카라를 이용하여 컬링을 보강한다.

Tip 고무패킹이 너무 딱딱하거나 심하게 힘이 가해지는 경우에는 속눈썹이 손상되거나 빠질 위험이 있으므로 적당한 힘으로 2~3번에 나누어서 컬링한다.

마스카라

고대 이집트인들이 흉안에 대비하기 위하여 남녀 모두 눈 주위에 타원으로 검게 그려 눈을 선명하게 보이도록 한 것에서 유래했다.

마스카라의 종류로는 볼륨 마스카라, 섬유질 마스카라, 롱래쉬 마스카라(Longlash Mascare), 컬링업 마스카라(Curling Up Mascare), 자연스럽게 보이기 위한 투명 마스카라(Clear Mascare), 땀이나 물에 잘 지워지지 않아 지속력효과가 좋은 방수 마스카라(Waterproof Mascare) 가 대표적이며, 보라색·갈색·흑색·와인색·초록색·파란색 등 다양한 색상이 있다. 마스카라를 사용하면 입체적인 메이크업이 가능하다.

인조속눈썹

인조속눈썹은 속눈썹이 아주 짧거나 숱이 없는 경우에 눈매의 또렷함을 만들기 위해 사용된다. 이전에는 연예인이나 예술인, 미용인과 같은 특별한 사람이나 웨딩메이크업, 패션쇼 등의 특별한 행사가 있을 때만 사용되었으나, 점차 대중성이 높아지면서 현재는 일반인들도 인조속눈썹을 다양한 형태로 본인의 스타일에 맞추어 사용할 정도로 보편화되었다.

인조속눈썹의 종류로는 몇 가닥씩 묶여있는 부분속눈썹과 눈매의 크기에 맞추어 연결성을 가지고 있는 인조속눈썹이 있으며 양과 길이, 색상, 형태 등이 다양하기 때문에 붙이는 방법 또한 눈의 크기와 길이, 형태 등을 고려하여 잘라 붙이거나 숱을 쳐서 붙이기도 한다. 최근에는 내츄럴 메이크업이 강세를 보이면서 누드 속눈썹도 등장하고 있다.

속눈썹 전용 고데기와 속눈썹 펌

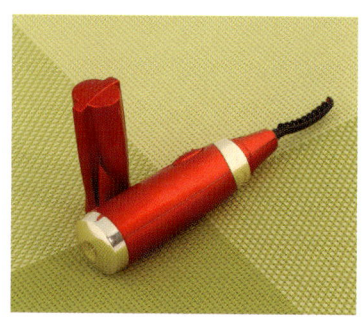

속눈썹 고데기와 속눈썹 펌은 동양인 중에서 짧고 굵고 아래로 처진 속눈썹을 가진 사람이 많기 때문에 컬링의 효과를 주기 위하여 사용되고 있다. 속눈썹 펌은 속눈썹에 헤어의 퍼머넌트의 원리를 이용한 것이다.

또한 속눈썹에 컬링을 만들기 위하여 불과 같은 열에 열선을 만들어 속눈썹을 들어 올리는 불안한 방법 또한 사용되고 있었는데, 현재는 보다 안전하게 건전지를 이용한 열선으로 컬링을 만들 수 있는 속눈썹 고데기가 널리 사용되고 있다.

속눈썹 연장 · 증모

이전에는 인조속눈썹에 글루를 접착하여 속눈썹을 표현했다면, 10여 년 전부터는 인모에 가모를 연장하여 길이를 늘려주는 자연스러운 속눈썹 익스텐션(Extension)이 등장하게 되었다. 속눈썹 연장 · 증모술은 인조속눈썹을 사용하는 경우와 달리 부자연스럽지 않게 속눈썹의 아름다움을 만들어내기 때문에 많은 여성들에게 사랑을 받게 되었다.

초창기에는 시술의 시행착오로 기술의 정착이 어렵기도 했지만, 현재는 재료와 기술이 크게 발전하여 단순히 여성의 눈매를 아름답게 만드는 메이크업의 수준이 아닌, 일상생활에서 없어서는 안 되는 여성의 미용 아이템으로 자리 잡게 되었다.

속눈썹 연장·증모의 현황과 전망

보일 듯 말듯 한 자연스러운 변화를 꿈꾸는 여성이라면 비밀스럽고 아름다운 속눈썹 눈매를 만들기 위해 속눈썹에 관심을 갖게 되고, 이러한 이유로 속눈썹 연장·증모술은 아이 메이크업 부문에서 지속적으로 성장·발전하며 최고의 사랑을 받고 있다.

속눈썹 연장술의 부가가치

속눈썹 연장은 일회용 속눈썹처럼 탈·부착의 의미가 아니므로 여성의 메이크업 시간을 단축시켜 준다. 또한 속눈썹 연장만으로도 자연스러운 아름다움을 만들어 낼 수 있기 때문에 동안메이크업, 내츄럴 메이크업의 유행과 함께 인기를 얻게 되었다. 즉 속눈썹 연장은 미용계의 피부, 헤어, 네일, 메이크업 분야에서 빠질 수 없는 또 다른 부가가치를 생산하는 블루오션(Blue Ocean)으로 자리매김하게 된 것이다. 그렇게 때문에 이제는 속눈썹 연장 전문가의 기술력이 더욱 중요하게 요구되고 있으며, 고객 또한 전문가의 시술능력을 신뢰하고 방문하는 전문샵들이 형성되게 되었다.

속눈썹 연장술의 수요

속눈썹 연장이 처음 시작된 10여년 전에는 10명 중 2~3명에 해당하는 20%가 시술을 했었다면, 최근에는 70~80%에 해당하는 사람들이 속눈썹 연장 경험을 가지고 있다. 연령별로는 20대에서 60대까지 다양한 연령층이 시술을 받고 있으며, 속눈썹 연장이 핫 트렌드(Hot Trend), 핫 스타일(Hot Style)을 만들어 나갈 정도로 대중성을 갖추게 되었다.

속눈썹 연장이 대중성을 갖게 된 이유는 여성들의 사회참여가 활발해지면서 자아의식이 고취됨에 따라 본인을 가꾸고 아름답게 만들어나가는 것을 당연하게 생각하게 되었기 때문이다. 여성들은 건강, 성형, 메이크업, 여행 등에서 자신을 위한 시간과 경제적인 투자를 하게 되었고, 눈의 아름다움은 아주 오래전부터 여성들이 중요하게 생각한 부분이므로 속눈썹 연장의 수요가 더욱 증가하게 된 것이다. 속눈썹 연장술의 수요는 여성이 본인의 아름다움을 꿈꾸는 한 계속될 것이다.

속눈썹 연장술의 공급

속눈썹 연장술은 다른 품목에 비해 빠른 시간 내에 기술을 습득하는 것이 가능하고, 기술을 익혔을 때 창업과 취업의 길이 다양하게 열려있다. 구체적으로 창업에서는 1인 창업이 가능하며, 다른 미용분야의 아이템과 함께 창업할 시에는 더 큰 부가가치의 창출도 가능하다. 무엇보다 일반적인 미용창업보다 저렴한 비용으로 매장을 오픈하는 것이 가능하기 때문에 현재는 속눈썹 연장 전문샵뿐만 아니라 여러 미용분야를 함께하는 샵인샵 구조까지 다양하게 나타나고 있다. 따라서 속눈썹 연장·증모술에 관심을 가지는 미용인들의 증가로 속눈썹 연장술의 공급은 증가하는 수요에 못지않게 늘어나고 있으며, 시장규모 또한 놀라울 정도로 커지고 있다.

반면 속눈썹 연장이 적은 재료비로 비교적 높은 수익구조를 갖추고 있기에 시장이 지나치게 과열되어 제대로 기술을 습득하지 못한 디자이너들도 함께 늘어나고 있다. 즉 비인증기관에서 교육을 받거나 개인적으로 간단한 시술방법만 터득한 후 기술없이 가격으로 승부하는 매장들이 많이 나타나고 있는 것이다. 그러나 고객은 진정한 기술력을 가진 전문가를 직접 느낄 수 있다. 따라서 앞으로는 올바른 지식과 기술을 가진 디자이너들만이 속눈썹 연장·증모시술을 통해 수익을 얻을 수 있게 될 것이다.

올바른 교육으로 기술을 습득해야만 전문적인 Eyelash shop으로 고객에게 신뢰를 받게 되고, 속눈썹 연장술의 시술금액도 평준화를 이루게 될 것이다.

All of Eyelash
Extension

01 고객 상담
02 실무에 적용되는 실전테크닉
03 다양한 가모와 인모의 디자인
04 스타일별 디자인
05 눈매에 따른 디자인
06 탑래쉬 & 언더래쉬
Special 03 속눈썹 연장시술 주의사항

Part 02

Professional
응용심화편

01 고객 상담
Customer Counseling

속눈썹 연장의 진정한 아름다움은 올바른 기술과 고객상담을 통해 만들어진다. 상담은 고객이 가지고 있는 전문가의 실력에 대한 불안감을 없애주고 시술자의 전문성을 피력할 수 있는 시술 전 필수 단계로 고객의 재방문을 유도하는 가장 중요한 요소이다. 따라서 만약 상담을 하지 않고 시술에 임하게 된다면 시술 후에 여러 가지 클레임이 발생할 수 있다. 미용의 기술적 서비스의 향상과 고객 맞춤형 시술을 위한 고객 상담방법에 대해 알아보자.

고객 상담에 앞서 기억해야 할 것은 이전에는 여성들이 남성에게 보여주기 위한 아름다움을 꿈꾸었지만, 이제는 여성의 사회 참여증가와 함께 개인의 미를 추구하는 성향이 짙어지면서 본인만족을 위한 아름다움을 꿈꾸고 있다는 것이다. 따라서 상담을 통한 속눈썹 전문케어 관리시스템을 운영하여 보다 체계적으로 기술 서비스를 제공할 수 있어야 한다.

 ### 고객의 유형 파악

아름다움을 추구하는 여성이면 누구나 뷰티샵을 찾게 되고, 뷰티샵을 방문하는 고객은 크게 3가지 유형으로 분류될 수 있다.

- 예뻐지겠다는 의지가 강한 'BEAUTY MAJOR'
- 두렵지만 예뻐지기 위한 첫발을 디딘 'BEAUTY BABY'
  ➜ 아름다움의 스타일화에 관심 없이 지내다가 뒤늦게 나이와 상관없이 큰 관심을 가지게 되는 경우와 성인이 되어 메이크업에 관심이 높아진 경우
- 아름다움에 전혀 관심이 없는 'BEAUTY MINOR'

상담에 들어가기에 앞서 방문한 고객이 어떤 유형에 해당하는지를 파악해야 고객이 언급하는 속눈썹에 대한 느낌을 정확하게 파악하고 대응하는 것이 가능하다. 그래야만 'Beauty major, Beauty baby, Beauty minor' 층 모두가 'Beauty eyelash mania' 대열에 합류할 수 있다.

고객상담기법

고객 상담 시에는 '고객의 연령, 속눈썹의 상태, 눈매의 형태, 눈 화장의 성향, 고객 스타일, 고객 직업' 등 다양한 면을 고려해야 한다.

① 고객의 연령 파악

고객 연령층에 따라 선호하는 가모의 모양이나 길이 그리고 가모의 숱에 대한 기준이 달라진다.

20대	**특 징** • 예뻐지고 싶은 욕구가 강하기 때문에 많은 것에 호기심을 느끼며, 각종 매체에 소개되는 여성의 스타일 변화에 민감한 반응을 보인다. • 드라마와 같은 매체가 주는 판타지에 몰입하여 즐거운 상상을 하며, 자신의 외적인 아름다움을 추구하는 정렬적인 세대이다. • 개성이 뚜렷하고 거침이 없으며 실험정신이 많다. • 온라인 세대이므로 많은 정보를 보유하고 있다. • 사회 초년생이 많으므로 경제력이 다소 적은 편이다. **상담 Point** • 속눈썹 연장을 통한 외모변화를 꿈꾸기 때문에 추구하는 Eyelash Style을 정확하게 요구한다. • 다양한 개성을 가진 사람들이 많으므로 개성파들의 아이메이크업 습관을 잘 숙지하여 그에 맞는 스타일을 만들 수 있게 상담이 이루어져야 한다. • 시술을 통하여 속눈썹의 숱이 많고 길어 보이며 얼굴의 윤곽이 뚜렷해 보이기를 원하는 경우가 대다수이다. 하지만 소수는 직업과 관련된 자연스러움을 추구하기도 한다.
30~40대	**특 징** • 사회적으로 안정된 연령층으로 뷰티업계의 주 소비층을 형성한다. • 눈에 띄는 아름다움보다 단아한 아름다움을 꿈꾼다. • 의존적이지 않고 주체적인 삶의 여성상을 지니고 있어 자존감이 강하다. • 소문이 나지 않게 시술을 느끼고 싶어하는 쁘띠 성형파이다. • 정기적으로 리터치를 받는 주 고객층이다. **상담 Point** • 30~40대는 사회생활을 하는 그룹과 가정을 돌보는 그룹으로 나뉜다. • 대다수의 고객은 자연스러움을 바탕으로 한 길이와 숱의 속눈썹 연장을 원한다. • 시간을 알뜰하게 사용하는 연령층이므로 예약시간과 관리에 소요되는 시간을 잘 맞추어 서비스해야 한다.

50~60대 이후	**특 징** • 안정적인 삶을 영위하고 있으며 사회적 지위가 높은 연령층이다. • 취미와 운동 활동이 활발하다. • 기술적인 고 퀄리티에 민감하다. • 자신의 스타일보다는 보편적인 아름다움을 추구하기 때문에 처음에는 시술자의 스타일 권유를 중시한다. • 절대적인 자연스러움을 추구하며 만족도가 높은 경우에는 흔들리지 않는 고객층으로 자리잡는다. **상담 Point** • 상담 시에 고객의 의견을 절대 존중해야 한다. • 연령층이 높아질수록 속눈썹의 성장주기와 현재 숱의 상태를 잘 파악하여야 한다. • 높은 연령의 소유자는 눈꺼풀의 지방 처짐을 방지하기 위한 눈매 교정이 이루어져 한다. 따라서 가모의 길이와 컬, 숱을 눈매의 3가지 조건으로 나누어 눈매의 3등분 표현법에 의해 시술하여야 한다.

눈매의 3등분 표현법

눈매의 폭과 모양, 눈지방 처짐 상태, 속눈썹 모의 상태 등을 고려하여 눈매의 길이를 3등분으로 나누어 각 부분에 맞는 컬과 길이, 숱을 적용하여 시술하는 것을 '3등분 표현법'이라고 한다. 3등분 표현법으로 시술할 때 예쁜 눈매는 더욱 돋보이는 눈매가 될 수 있으며, 단점을 가진 눈매는 눈매를 교정하여 더욱 아름다운 눈이 될 수 있다.

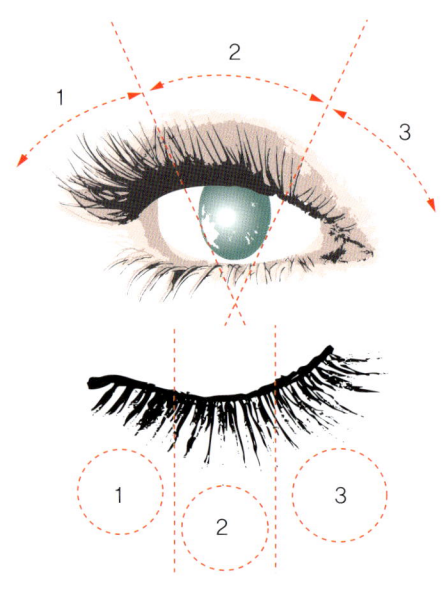

② 속눈썹의 상태 파악(가모의 굵기 표기 : T)

선천적으로 힘이 없거나 노화로 얇아진 모	고객의 요구에 맞추어 얇고 가벼운 모를 추천	0.07~0.10의 싱글가모
외부의 자극으로 약해진 모(마스카라, 뷰러, 고데기 등)	• 일정한 눈썹 모의 형태가 아닌 경우가 많으므로 2D래쉬와 가벼운 모를 추천 • 만약 모가 지나치게 손상되어 있는 경우에는 숱을 자연스럽게 하거나 시술을 일정기간 쉬게 하는 것이 좋다.	0.10의 2D래쉬 + 싱글가모
두껍고 처진 모 (직모가 심한 경우)	CC컬, L컬, 뷰러컬을 사용하여 처진 눈썹을 올려줌	지나치게 두꺼운 자연인모는 컬의 힘을 받지 못하므로 0.15의 굵기의 가모시술이 적당
정상적인 속눈썹	다양한 컬과 길이를 상담한 후에 결정	눈매의 상태에 따라 결정

③ 고객의 눈매 상태 ('05 눈매에 따른 디자인'에서 상세 설명)
- 고객의 눈매에 따라 붙여야 하는 가모의 컬과 디자인이 달라진다.
- 상담 시에 시술자는 고객 눈매의 형태를 파악하고 시술 후의 상태로 연상 작업(Simulation : 시뮬레이션)이 이루어져야 한다.
- 눈매를 3등분하여 눈매에 적용되는 길이와 컬을 결정한다(눈매의 3등분 표현법).

눈매의 유형		눈매에 따른 상담법
돌출형		돌출형의 경우는 시술로 인해 눈이 더 돌출되어 보이지 않는 것이 중요하다. 고객 눈매의 돌출된 정도와 동공의 크기를 고려하여 부담스럽지 않은 자연스러운 스타일로 상담이 이루어져야 한다.
눈매의 폭이 좁은 형		눈매의 가로폭이 좁은 사람은 얼굴에서 눈이 길고 크게 보이기를 원한다. 그러나 무조건 긴 가모의 사용은 눈을 더 답답해 보이게 만들 수 있다. 따라서 전체적인 눈매 길이에 비례하면서도 뒷머리 부분을 살짝 길게 강조한 스타일로 가모의 길이를 상담한다.
눈매가 긴 형		쌍꺼풀이 있으면서 가로로 긴 눈매는 눈이 크고 시원해 보인다. 하지만 지방이 많으면서 쌍꺼풀 없이 긴 눈은 또렷한 느낌 없이 눈이 길어 보이기 때문에 눈매가 좀 더 동그랗게 보이도록 상담에 들어가야 한다.

눈지방이 처지고 무거운 형		눈지방이 처진 경우는 대부분 연령대가 높은 분들이 많다. 지방으로 인한 처짐선이 속눈썹으로 커버되면서 동시에 자연스럽게 보일 수 있는 디자인으로 상담을 한다.
눈꼬리가 올라간 형		눈꼬리가 올라간 눈매를 지닌 고객들은 대부분 시술을 통해 부드러운 스타일의 눈매로 보이기를 원한다. 최대한 부드러움과 자연스러운 스타일로 눈매를 연출할 수 있도록 상담을 이끌어 나가야 한다.
눈꼬리가 처진 형		눈꼬리가 처진 눈매의 경우에는 세련된 느낌을 만들 수 있도록 디자인을 해야 하며 3등분하여 고객의 눈매가 처진 부분을 상담한다.
눈이 동그란 형		지나치게 동그란 눈을 가진 고객 중에서는 시술 후 만족도가 높지 못한 경우가 더러 있다. 이는 눈매의 앞과 뒤, 중앙이 다르게 디자인될 수 있도록 눈매를 3등분으로 나누어 상담을 하지 않은 경우이다.
쌍꺼풀이 큰 형		쌍꺼풀이 지나치게 커서 라인이 두껍게 형성된 눈매는 눈을 시원하게 뜬 느낌 없이 답답하게 보이는 경우가 많다. 따라서 전체적으로 짧은 길이의 가모로 쌍꺼풀 라인을 가릴 수 있도록 상담해야 한다.

④ 메이크업 기법, 메이크업 시간, 아이메이크업을 통한 개인별 성향 파악

고객의 메이크업 스타일에 따라 속눈썹 연장 스타일도 바뀌어야 한다.

• **메이크업 기법**

메이크업 중 여성들이 가장 중요하게 신경 쓰는 부분이 바로 아이메이크업이다. 많은 여성들이 메이크업을 할 때 아이메이크업에 초점을 맞추어 Point Make-up을 하며 각자 자신의 개성에 맞는 화장기법을 가지고 있다. 따라서 고객이 선호하는 화장기법을 아는 것은 상담 시 눈매에 적용할 속눈썹 스타일 선택에 반드시 필요한 부분이다.

- **메이크업 시간**

  고객이 메이크업에 투자하는 시간은 고객의 성격과 메이크업 취향을 나타낸다. 메이크업이 빠르면 성격이 급하고 바쁘게 업무를 처리하는 직장인인 경우가 많으며, 속눈썹 관리를 세심하게 하지 못하는 경우가 많다. 또 그와 반대로 메이크업 시간이 길면 성격이 느긋하고 시간에 쫓기는 일이 없는 비직장인이나 여유 있는 직업을 가진 고객인 경우가 많아 속눈썹 연장 시술 후에도 속눈썹에 관심을 많이 쏟고 예민할 수 있다.

- **아이메이크업의 중요도**

  메이크업 중 유난히 아이메이크업에 치중하여 화장을 하는 고객이 있다. 이는 눈에 많은 비중을 두고 화장을 한다는 의미로, 속눈썹의 컬과 숱을 중요하게 생각하는 경우가 많다. 이 경우 대부분 본인의 속눈썹 스타일에 대한 주관이 뚜렷하며 원하는 속눈썹 스타일이 결정되어 있다.

⑤ 고객의 스타일

모든 사람은 각 개인이 가지고 있는 전체적인 스타일을 중요시하며 패션, 취향, 감성 등 여러 가지 요건들이 합쳐져 개인의 스타일이 만들어지게 된다. 현대인은 본인의 라이프스타일을 주체적으로 추구하기 때문에 스타일을 스스로 잘 바꾸지 않는 경향이 있다. 따라서 여성의 스타일은 사람마다 많은 편차를 보이므로 각 개인별 스타일에 맞는 눈매 시술을 할 수 있도록 신중하게 상담해야 한다. 일반적으로 아래와 같은 스타일에 맞추어 상담이 이루어진다.

- 화려한 스타일
- 단정한 스타일
- 귀여운 스타일
- 섹시한 스타일
- 자연스러운 스타일

⑥ 고객의 직업

사람은 직업에 따라 갖추어야 하는 의복과 화장, 언행이 다르다. 따라서 고객의 직업이 화려함을 추구하는 직업인지 아니면 단정함을 요구하는 직업인지에 따라 속눈썹 연장시술의 화려함과 자연스러움의 정도가 결정되어야 한다. 고객의 직업을 반영한 속눈썹 연장이 이루어졌을 때 고객의 입장에서도 만족스런 시술이 될 수 있고, 재방문 고객이 증가하여 각 매장에 충성도 높은 고객층이 형성될 수 있다. 또한 다른 신규고객을 창출하는데도 많은 도움이 될 것이다.

3 고객상담차트

회 원 관 리 카 드

성 명	이 기 쁨	시 술 내 용	
전화번호	010-0000-0000	고객눈매	속눈썹 길이(mm)
주 소	서울시 영등포구 OOO OOO..		8. 9 .10 .11. 12 .13
E.MAIL	miin@....	고객속눈썹시술상태 (최초시술상태)	속눈썹 컬
			J. C. CC. L, 뷰러, 컬러
고객인모상태		담당 DESIGNER : O O O	
		메모 : 다음 시술 시에 2D래쉬 증모 시술 원함	
시술날짜	시술내용	시술금액	적립금	비 고
7/1	다이아몬드 J컬	100,000	5,000	현금

4 고객안내

완벽한 상담이 끝나면 시술실로 안내한다. 안내 시 안정된 시술을 받을 수 있도록 편안한 상태를 만들어 시술자와 피시술자 사이에 상호 신뢰의 바탕을 만들어야 한다. 시술을 할 때는 편안하고 안락한 분위기를 조성하는 것이 좋다.

02 실무에 적용되는 실전테크닉
Actual Technique

사람은 모두가 가지고 있는 눈의 형태가 다를 뿐만 아니라 속눈썹의 형태, 눈썹이 난 모류 등 많은 부분이 다르다. 그렇기 때문에 인모를 대상으로 한 속눈썹 연장은 매우 다양한 디자인 케이스가 존재하고 숙련된 테크닉을 필요로 하게 된다.

숙련된 테크닉이 필요할수록 기본적인 테크닉이 확실해야 다양한 케이스의 속눈썹 연장이 가능하다. 따라서 '02 실무에 적용되는 실전테크닉'에서는 실제 실무에서 자연인모에 시술할 때 확실하게 익혀두어야 할 기술적인 테크닉에 대해 알아보자.

 기본 시술

8mm, 9mm, 10mm, 11mm, 12mm의 5가지 길이를 사용하여 시술

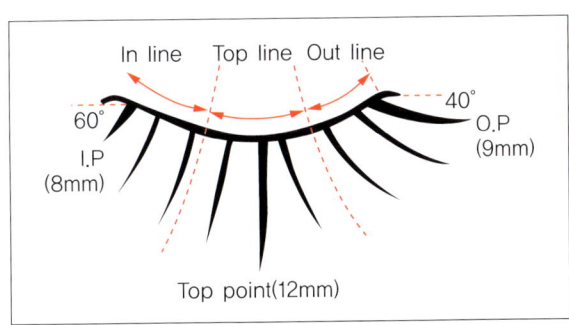

- 중심(Top Line Point)에 가장 긴 기장인 12mm를 붙여서 전체라인의 중심을 잡는다.
- 앞머리(In Line)에 8mm 길이의 가모를 일직사선(60~65도)으로 시술한다.
- 뒷머리(Out Line)에 9mm 길이의 가모를 사선형(40~45도)으로 시술한다.

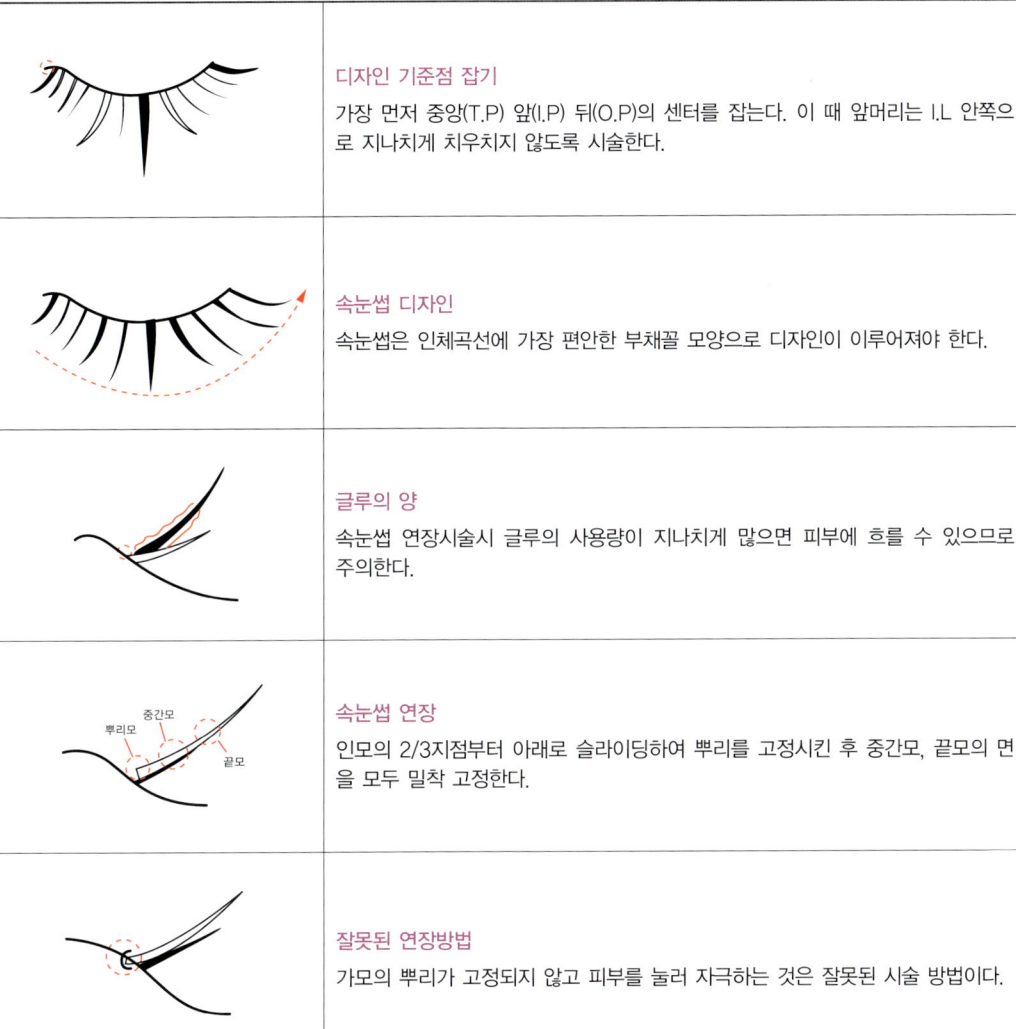

디자인 기준점 잡기
가장 먼저 중앙(T.P) 앞(I.P) 뒤(O.P)의 센터를 잡는다. 이 때 앞머리는 I.L 안쪽으로 지나치게 치우치지 않도록 시술한다.

속눈썹 디자인
속눈썹은 인체곡선에 가장 편안한 부채꼴 모양으로 디자인이 이루어져야 한다.

글루의 양
속눈썹 연장시술시 글루의 사용량이 지나치게 많으면 피부에 흐를 수 있으므로 주의한다.

속눈썹 연장
인모의 2/3지점부터 아래로 슬라이딩하여 뿌리를 고정시킨 후 중간모, 끝모의 면을 모두 밀착 고정한다.

잘못된 연장방법
가모의 뿌리가 고정되지 않고 피부를 눌러 자극하는 것은 잘못된 시술 방법이다.

실전 업그레이드 테크닉

자연인모의 길이

각 개인이 가진 속눈썹의 길이는 모두 다르고, 같은 사람의 속눈썹이라도 각각의 속눈썹의 길이는 모두 다르다. 이는 속눈썹의 성장주기(성장기-휴지기-퇴행기)가 개인별로, 속눈썹모별로 모두 다르기 때문이다. 따라서 속눈썹 연장시술을 할 때는 성장주기에서 아직 제대로 성장하지 못한 신생모에는 시술하지 않는 것이 원칙이다. 즉 성장기의 튼튼하고 건강한 모를 위주로 시술하여야 한다.

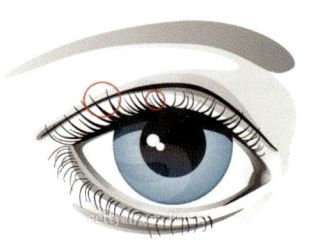

속눈썹 모의 자라난 길이 차이

길이에 따른 가모의 시술

모의 상태

속눈썹 한 올 한 올이 전부 길이가 다르기 때문에 자연스러운 것과 같이 속눈썹 연장에 사용되는 가모도 모의 두껍고 얇음과 튼튼한 상태를 고려하여 다양하게 사용해야 자연스러움을 유지할 수 있다. 따라서 자연인모가 얇고 약한 모인 경우에는 얇고 짧은 가모로 시술을 해야 하며, 크고 건강한 모인 경우에는 두껍고 긴 기장의 가모로 시술하여도 무방하다.

속눈썹의 층

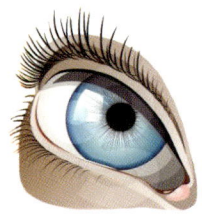

속눈썹의 2~4개 층에서 지나치게 점막에 가깝게 난 인모는 시술하지 않는다. 점막에 가까운 자연인모는 힘이 약하기 때문에 가모의 처짐이 생겨 동공에 불편함을 줄 수 있다.

뿌리에서의 간격

밀착 시에 뿌리면적을 정확하게 시술하면 가모가 흔들리는 현상을 막을 수 있다. 전체적인 속눈썹 라인을 시술할 때에는 뿌리로부터 0.5mm 간격을 띄우고 시술하여 연장 후에 길이와 모양이 유지될 수 있도록 해야 한다.

연장시술의 자연스러움

피부에 닿지 않으면서도 피부면에 가깝게 시술하여 마치 가모가 피부에서 난 것과 같은 느낌의 자연스러움을 만들어낼 수 있어야 한다. 자연인모에서 멀리 떨어져 시술할수록 가모가 휘어지기 쉽고 빨리 탈락하는 속눈썹의 수가 많아지게 된다. 또한 자연인모의 손상도가 높아지고 고객이 무거움을 느끼게 된다.

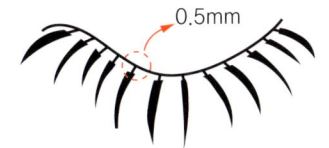

※ 피부에서 0.5mm의 일정한 간격을 띄우고 시술하여야 하며, 피부에 밀착되지 않고 마치 인모눈썹이 난 것처럼 시술하여야 한다.

3 ONE MORE ONE 기법

One More One 기법이란 인모의 뿌리부분과 중간부분 그리고 끝부분이 가모와 일체가 되도록 속눈썹 한 올에 한 올씩 시술하는 방법이다.

One More One 기법의 3단계 가모 밀착방법

① 가모로 자연인모에 글루를 쓸어준 상태에서 2/3지점으로부터 슬라이딩하여 뿌리부분을 밀착하여 시술한다.
② 뿌리면을 고정시킨 후 가모에 인모의 중간모를 핀셋으로 들어 올려 밀착시킨다.
③ 중간모의 시술 후 가모에 인모의 끝부분까지 핀셋을 이용하여 밀착하며 모든 면이 완전히 붙도록 한다.

One More One 기법의 유지기간

일반 시술에 비하여 유지기간이 2~3배 유지되며 시술 후 눈썹이 가지런하고 깔끔하다.

03 다양한 가모와 인모의 디자인

 다양한 가모의 적용

Natural 가모

시술 후에 고객의 눈매가 부담스럽다는 느낌을 주지 않는다. 속눈썹 연장의 장·단점을 평준화시키는 범위의 시술이다.

적용 Target	자연스러운 스타일의 속눈썹 연출이 가능하므로 직장인이나 40대 이후의 여성 고객이 선호
가모의 종류	0.07~0.10의 얇은 원사 가모를 사용하거나 원사보다 가벼운 천연모를 사용
가모의 길이	9~10mm를 가장 선호
시술범위	자연인모의 50~95%까지 원하는 숱의 정도에 따라 시술

강한 느낌의 볼륨모

눈매의 스타일을 강조하여 메이크업의 전체적인 분위기를 UP시킨다.

적용 Target	개성을 표현하는 스타일이기 때문에 20대의 젊은 고객이 많음
가모의 종류	0.15, 0.20 등의 굵은 원사의 가모 사용과 2D의 증모방법 선택
가모의 길이	10~13mm를 일반적으로 사용하며 11mm를 가장 선호
시술범위	자연인모의 70~95%까지 시술

2D, 3D 실크모

눈매에 따른 속눈썹을 디자인 할 때 사용하며 눈썹모의 단점을 보완하는 제품이다. 눈썹모의 양에 따라 진하고 그윽하면서도 자연스러운 속눈썹 연출이 가능하므로 풍성한 눈썹을 만들 때 사용한다. 시술시간이 반으로 줄어든다(시술자의 편의성과 고객의 만족도가 크다).

적용 Target	• 진한 속눈썹의 느낌을 선호하는 고객에게 적용 • 눈썹모의 숱이 불규칙한 부분이나 숱이 적은 경우에 사용하며 스타일에 따른 속눈썹디자인에 사용
가모의 종류	• 0.10, 0.15의 2D래쉬와 3D래쉬
가모의 길이	• 모든 길이 적용(8~15mm)
시술범위	• 자연인모의 50~80% 시술

2D래쉬와 3D래쉬를 사용한 속눈썹 연장 Tip

2D

- 2D래쉬 가모 떼고 잡는 법 : 2D래쉬 시술의 핵심은 가모를 시트에서 떼어내는 것이다. 2D래쉬는 양 갈래로 두 가지 가모를 연결해 놓은 것이므로 가모를 뗄 때 '뿌리 1/3지점'을 핀셋으로 납작하게 잡고 천천히 시술자 '가슴방향'으로 떼어내야 한다.
- 2D래쉬 붙이는 방법 : 2D래쉬는 싱글모보다 가모가 붙는 면적이 넓기 때문에 인모의 중앙과 2D래쉬의 중앙면을 맞추어 가모와 인모를 밀착시킨 후 뿌리면을 고정해야 한다. 고정 후에는 2/3지점의 인모중앙까지 가모와 인모를 서로 핀셋으로 밀착하여 고정시킨다. 2D래쉬는 끝이 두 가닥이므로 앞머리 인모는 왼쪽으로 뒷머리 인모는 오른쪽으로 나누어 인모의 모길이까지 밀착하여 시술을 완성한다. 밀착이 완전하게 되지 않은 2D래쉬는 두 가닥 중 한 가닥이 탈락하므로 반드시 전체 밀착감을 높이는 것이 중요하다.

3D

- 3D래쉬 가모 떼고 잡는 법 : 3D래쉬를 떼는 방법은 2D래쉬와 동일하다. 2D래쉬와 3D래쉬는 가모의 뿌리부분을 뗄 때 모가 갈라진 상태가 아니어야 한다.
- 3D래쉬 붙이는 방법 : 자연인모가 3D래쉬 중앙에 위치하도록 한 후 자연인모의 끝모를 3D래쉬 중앙모와 밀착시킨다. 시술 시 뿌리가 정확히 중앙에 위치해야 함께 분리되고 오래 유지된다.

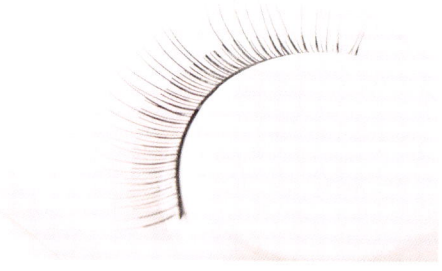 

2D래쉬와 3D래쉬의 손상모 보수 디자인

 다양한 인모의 디자인

직선으로 많이 처진 형태의 속눈썹

직선으로 많이 처진 형태의 속눈썹이란 속눈썹이 자라나는 모류방향이 지나치게 눈 아래로 처진 상태의 눈썹모를 말한다. 이러한 속눈썹은 뷰러를 사용하거나 마스카라를 통해서는 C컬의 형태를 유지하기 어렵다. 또한 처진 속눈썹으로 인해 눈 밑이 다크서클처럼 어두워 보이기 쉬우므로 속눈썹 연장술이 가장 필요한 대상 중 하나이다.

가모의 각도와 글루 사용법

- 가모가 들어가는 각도 : 가모를 세워서 뿌리면 고정
- 글루는 인모 뿌리 끝까지 쓸어 시술 시 밀착감 높이기

> **Tip** 글루는 인모의 끝모까지 쓸어 시술 시 가모와 인모의 당김성으로 밀착감을 높인다.

직모 3단계 가모밀착방법 시술법

① 90도로 가모를 세워서 인모뿌리부분에 직접적인 면을 정확하게 맞추어 뿌리면을 고정한다.
② 가모와 인모를 고정시키기 위해 핀셋으로 인모를 들어 중간모까지 올려 밀착시키고, 중간모 또한 밀착된 상태를 유지하여 고정시킨다.

> **Tip** 직모는 쉽게 들어 올려 밀착되지 않으므로 고정시간을 유지해야 한다.

③ 인모와 가모의 미 부착 부분을 핀셋으로 들어 올려 끝모까지 완벽히 밀착 시술하여 고정시킨다(인모가 두껍고 힘이 강한 경우에는 2/3지점까지 밀착한 후 나머지 부분은 핀셋으로 집어주면서 밀착시킨다).

> **Tip** 처진 형태의 속눈썹 연장의 포인트는 '인모뿌리 부분을 확실히 고정'하는 것으로 반드시 뿌리를 먼저 고정한 후에 중간모와 끝모를 붙여나가야 한다. 인모뿌리를 확실히 고정시키기 위해서는 90도로 가모를 세워서 넣어야 한다. 뿌리부분이 제대로 고정되지 않으면 유지기간이 짧아지고 뿌리가 먼저 들리는 현상이 발생하여 피부에 자극을 줄 수 있다.

▎휘어진 속눈썹

사람의 눈썹모는 직모, 옆으로 휘어져 난 모, 짧고 약한 모, 곱슬로 감아진 모 등 매우 다양하다. 다양한 눈썹모 중 휘어진 속눈썹에 대한 시술방법을 알아보자.

휘어진 속눈썹의 3단계 가모밀착방법

① 45도 각도로 가모를 휘어진 모의 반대방향 옆면에서 슬라이딩하여 들어간 후 2~3초간 고정한다.
② 가모가 부채꼴의 모양이 될 수 있도록 고정시킨 후 옆으로 휘어진 인모를 당겨 휘어진 방향의 옆면에 붙인다.
③ 인모와 가모의 미부착부분을 핀셋으로 끝모까지 확실히 고정시켜 전체가 하나가 되도록 붙인다.

> **Tip** 옆으로 휘어진 인모를 당길 때는 핀셋으로 집지 않고 핀셋으로 밀어 당겨서 밀착시킨다. 밀어당겨서 밀착시켜야 최대한 핀셋에 글루가 묻지 않고 핀셋방향으로 자연인모가 가볍게 쓸려온다.
>
> ※ '직모와 휘어진 속눈썹의 시술방법'은 시대고시 홈페이지의 무료 동영상을 통하여 시술 장면을 직접 보실 수 있습니다.

최신 트렌드 볼륨의 기법(러시안볼륨, 그로윙볼륨)

러시아에서 먼저 발생하여 한 가닥의 가모를 여러 가닥으로 묶어 다발로 모양을 만들어서 시술하는 볼륨시술을 말한다. 다양한 이름으로 각자의 브랜드를 나타내고 고객의 니즈를 맞추어 원하는 디자인의 속눈썹을 시술한다. 앞으로 모든 속눈썹 연장은 디자인을 가장 중요하게 하는 트렌드를 가지고 있으며, 볼륨을 만드는 기법은 여러 가지를 사용하고 있다.

※ 사용제품 : DUBLE(2D), TRIPLE(3D), 5D, 6D 이상의 제품과 다발을 만들어 디자인한다.

04
스타일별 디자인

Type 1
섹시 스타일
Sexy Style

시크하고 섹시한 스타일의 속눈썹 연장은 눈매가 길고 서구적인 인상인 경우에 잘 어울리며, 도전적인 느낌의 눈매를 연출하는 디자인법이다.

디자인 개요

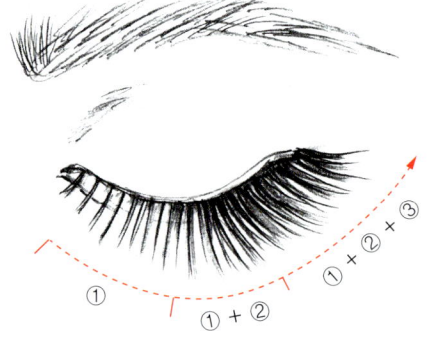

- ① : 싱글, ② : 2D래쉬, ③ : 3D래쉬
- 섹시한 스타일 디자인의 포인트는 '뒷머리 기장'에 있으며 '중앙'은 사이드 포인트이다.
- 앞머리 숱을 적게 하고 뒷머리로 갈수록 숱의 풍성함을 표현한다.
- J컬이나 JC컬을 사용한다.

앞머리

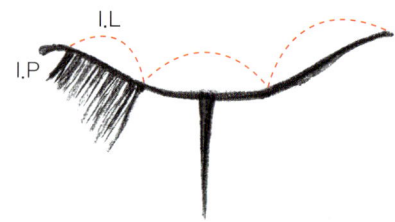

- 가모 선택 : 7mm의 0.10의 얇은 가모로 시작
- 가모 길이 : 7-8-9-10
- 가모 숱 : 50% 정도로 시술하여 점점 In Line으로 숱을 늘려 나간다.
- 가모 숱의 비율 : 50-60-70%

중앙기본

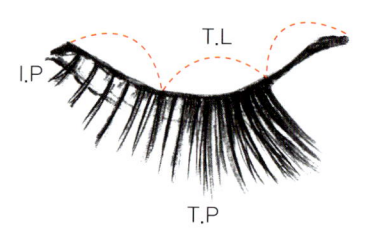

- 가모 선택 : 0.10과 0.15의 굵기로 시술 or 0.10의 Y컬 시술
- 가모 길이 : 11-12-12(Top Point 12mm)
- 가모 숱의 비율 : 70-80-90%
- 좀 더 강렬한 뒷 라인을 만들고자 할 때는 ① + ② + ③ (싱글 + 2D래쉬 + 3D래쉬)으로 표현

뒷머리

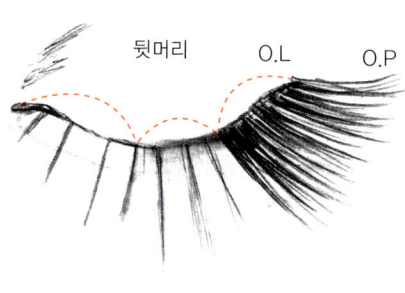

- 가모 선택 : 0.15로 시술하거나 고객 인모의 숱 상태에 따라 0.10Y와 W를 함께 사용(뒷기장의 꼬리끝부분까지 길게 시술하여 날카롭고 섹시한 눈매의 느낌을 연출)
- 가모 길이 : 12-11-11 또는 12-12-11
- 가모 숱의 비율 : 90-90-100%
- 좀 더 강렬한 뒷 라인을 만들고자 할 때는 ② + ③ (2D래쉬 + 3D래쉬)로 표현(스타일시술은 취향에 따라 다를 수 있다)

완 성

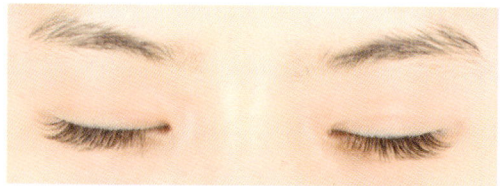 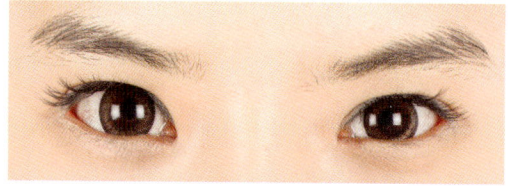

Before

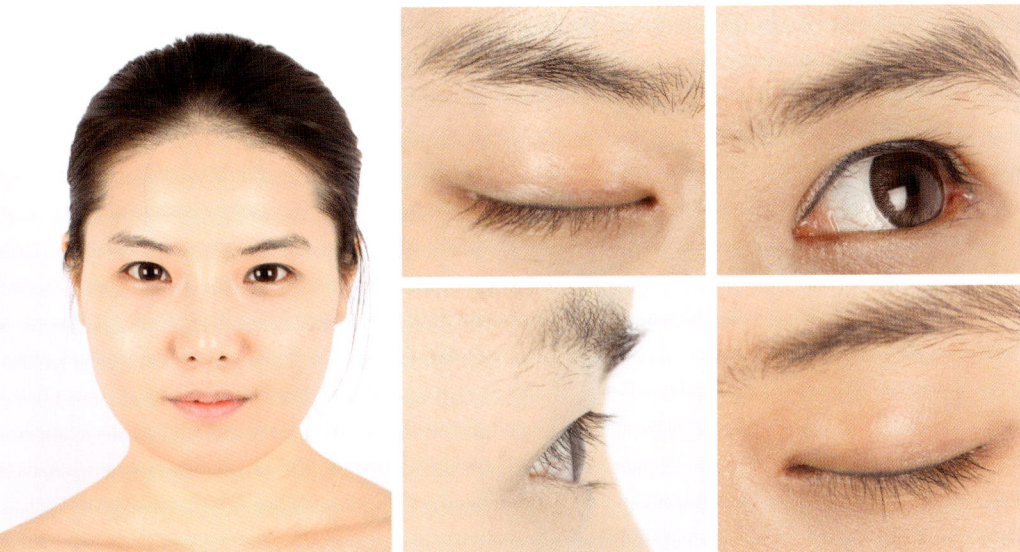

After

Part 02 Professional 응용심화편

Type 2
큐티 스타일
Cutie Style

큐티 스타일 디자인은 눈매를 동그랗게 연출하여 발랄한 이미지를 만드는 디자인 기법이다. 주로 20대의 여성들이 선호하는 젊은 감각의 디자인이라 할 수 있다.

디자인 개요

- 큐티 스타일의 디자인 포인트는 '눈 중앙'이며 '앞머리와 뒷머리'는 사이드 포인트이다.
- CC컬을 사용한다.

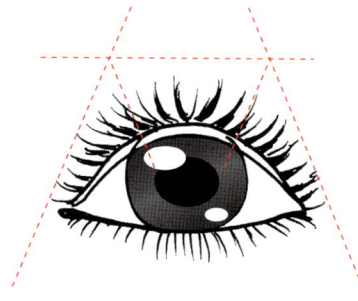

3 Tape design 기법

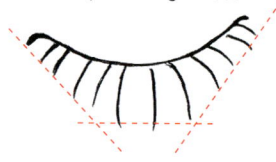

앞머리

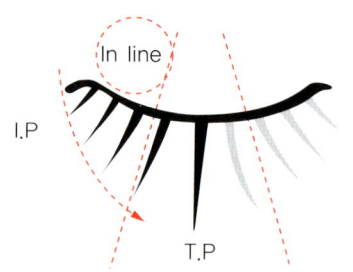

- 가모 선택 : 6mm의 0.10의 얇은 가모로 시작
- 가모 길이 : 6-7-8-9-10
- 가모 숱의 비율 : 앞머리의 숱은 50% 정도로 시술하여 점점 숱의 양을 늘려나간다.
  50-60-70%

중앙기본

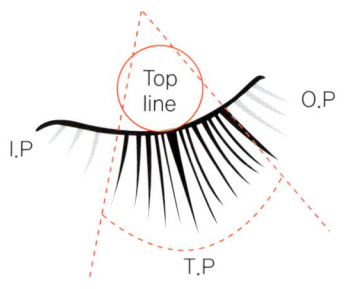

- 가모선택 : 0.10과 0.15를 섞어 시술하거나 0.10과 0.10 Y컬을 섞어 시술
- 가모 길이 : 11-12-11(Top Point 12mm)
- 가모 숱의 비율 : 90-100-100-90%

뒷머리

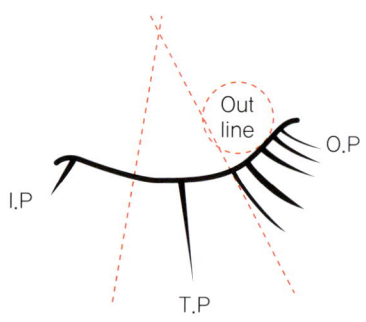

- 가모 선택 : 0.10으로 시술
- 가모 길이 : 10-9-8-7(Out Point 7)
- 가모 숱의 비율 : 90-80-70-60-50%

완성

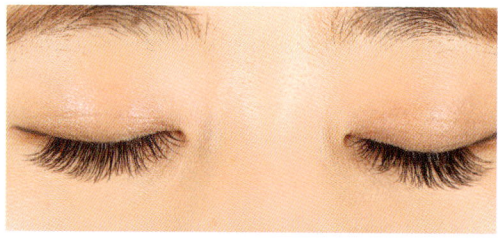

Before

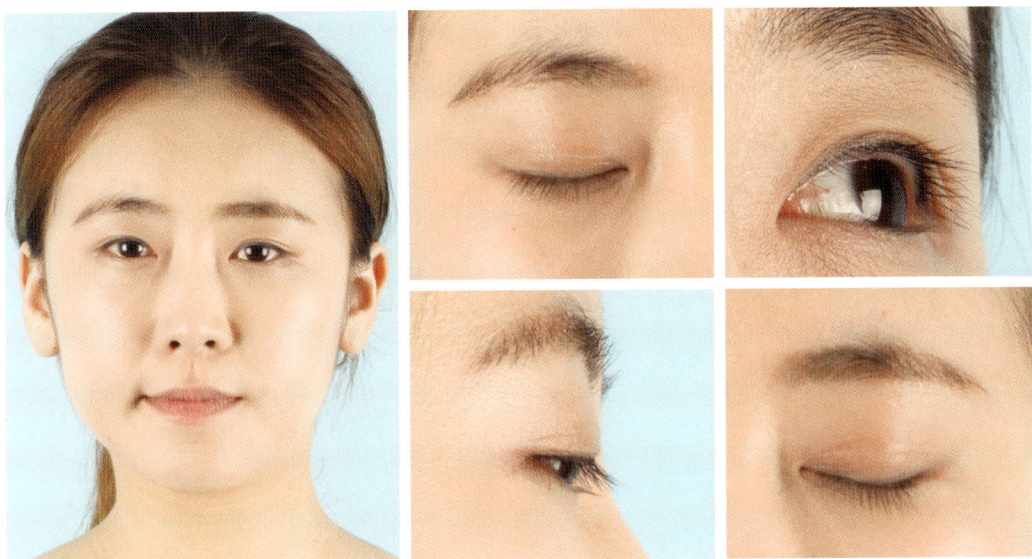

After

Part 02 Professional 응용심화편

Type 3
자연스러운 스타일
Natural Style

가장 많은 사람들이 추구하는 스타일로 동양적이며 자연스러운 느낌의 보편적인 디자인 스타일이다.

디자인 개요

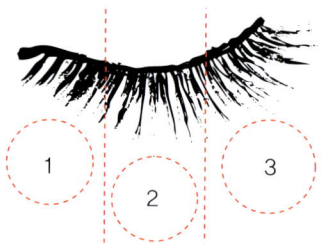

전체적으로 숱과 길이를 고르게 시술

- 자연스러운 스타일 디자인의 포인트는 '눈 전체'이다.
- J컬을 사용한다.
- 컬의 길이는 10~11mm가 적당하다.

앞머리

- 짧은 길이의 0.10의 얇은 가모로 시작한다.
- 앞머리의 숱은 전체 숱과 비례하여 고르게 시술한다.

중앙기본

- 자연스러운 내츄럴 스타일은 0.10의 부드러움이 가장 편안하고 자연스럽다.
- 약한모는 짧게 시술한다.
- Top Point 10mm
- 숱의 비율 : 인모와 대비하여 고객의 의사에 맞추어 고르게 시술한다.

뒷머리

- 자연스러운 시술로 O.P는 I.P보다 길어야 한다.
- 숱의 비율 : 부담스럽지 않도록 60~80%정도

완 성

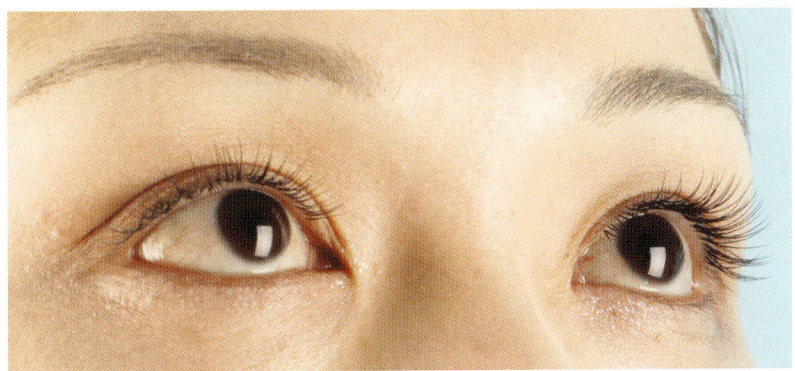

Before

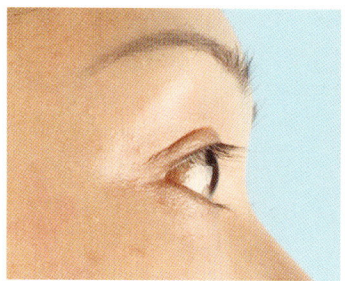 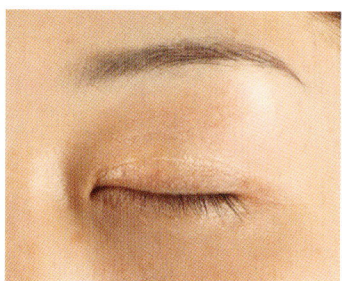 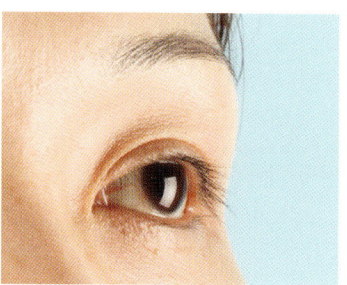

After

  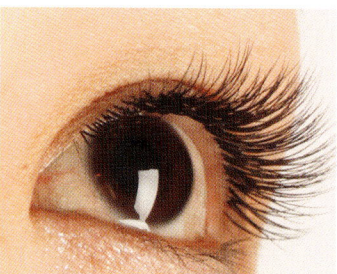

Type 4
컬러 속눈썹 디자인
Color Eyelash Design

속눈썹 색상은 블랙이라는 고정관념이 존재했던 예전과 달리 시대가 변함에 따라 마치 컬러마스카라를 한 듯한 느낌의 다양한 컬러 속눈썹 시술이 이루어지고 있다.

디자인 개요

컬러 속눈썹에는 전체가 컬러인 속눈썹과 투톤 속눈썹이 있다.
- 전체가 컬러인 속눈썹은 100% 컬러로 시술하지 않고 블랙모와 함께 섞어 시술해야 한다.
- 투톤 속눈썹은 전체 시술을 한다.

컬러의 종류

브라운　　　　　　퍼플　　　　　　블루　　　　　　와인

Type 5
파티 스와로브스키 디자인
Party Swarovski Design

속눈썹 연장에도 컬러 속눈썹의 도입을 비롯한 다양한 시도가 이루어지고 있는데, 그 중 하나가 연장한 속눈썹에 스와로브스키를 붙이는 파티 스와로브스키 디자인법이다. 고객이 원하는 컬러의 스와로브스키를 선택하여 속눈썹 위에 시술하면 된다.

디자인 개요

- 스와로브스키를 눈매 끝 부분에 시술한다(정 가운데 ×).
- 스와로브스키는 너무 크지 않은 크기로 되도록 가벼운 것 중에서 선택한다.

05 눈매에 따른 디자인
속눈썹 연장을 통한 눈매교정술

Type 1
직모로 눈썹모가 처진 경우

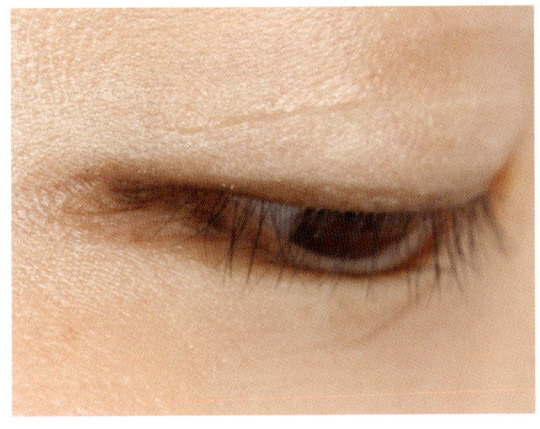

디자인설명	• **눈매디자인** 속눈썹이 직모인 경우는 눈매와 상관없이 속눈썹이 올라갈 수 있도록 디자인해야 한다. • **가모의 길이** 고객 인모 길이보다 1mm 정도 길게 시술하여 눈앞에 그림자상이 생기지 않도록 한다. • **주의할 점** 눈썹모의 굵기나 처진 각도를 고려하여 가모선택을 해야 한다. 눈썹모가 두꺼운 경우에는 가모의 두께가 너무 얇으면 힘을 받아 유지하지 못하므로 조금 더 두꺼운 모를 사용한다.
눈매교정을 위한 디자인법	• **포인트** : 전체적인 인모 • **길이** : 인모대비 1mm 정도 길게 적용 • **컬링** : CC컬, 뷰러컬, L컬  

Before　　　　　　　　　After

완성 이미지

Type 2
눈이 돌출되어 보이는 경우

디자인설명	• 눈매디자인 눈이 돌출된 경우에는 긴 기장의 가모를 사용하면 인형 속눈썹같이 부자연스러운 느낌이 연출되어 눈이 더 돌출되어 보인다. • 가모의 길이 고객의 인모 길이보다 1mm 정도만 길게 시술하여도 일반적인 경우보다 길게 시술한 듯한 느낌이 든다. • 주의할 점 긴 가모 길이나 숱의 과함은 지나친 화려함을 만들 수 있어 정확한 상담과 디자인결정이 중요하다.
눈매교정을 위한 디자인법	• 포인트 : 전체적인 자연스러움 • 길이 : 인모대비 짧은 가모를 적용 • 컬링 : 자연스러운 J컬 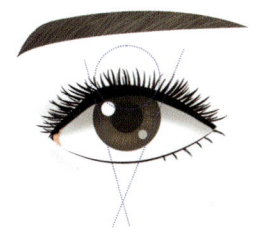  

Before	After

완성 이미지

Type 3
쌍꺼풀이 큰 경우

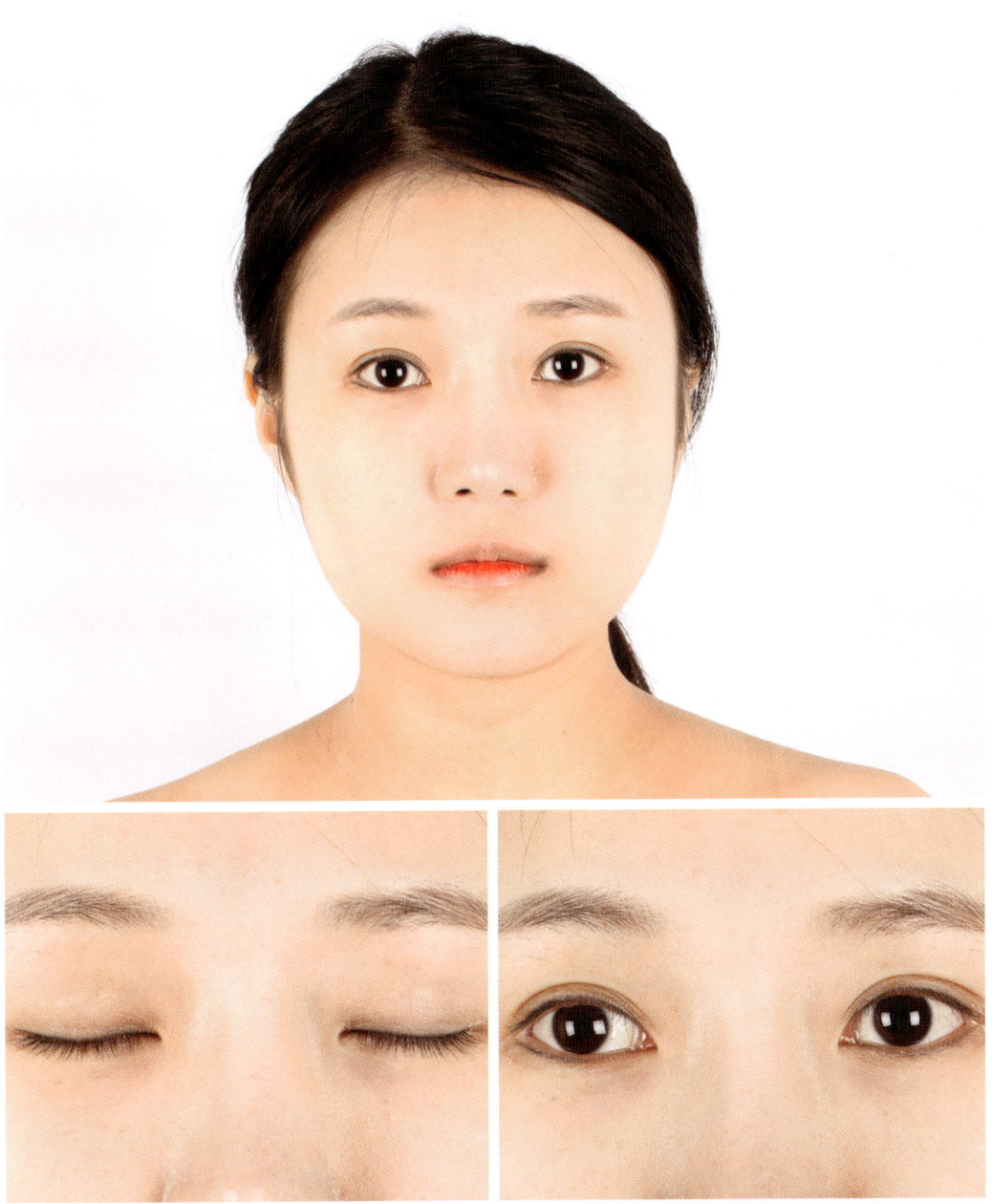

디자인설명	**• 눈매디자인** 쌍꺼풀이 크거나 쌍꺼풀 때문에 눈매가 졸린 느낌으로 처진 경우에는 전체 쌍꺼풀 라인을 속눈썹으로 가려서 눈매가 좀 더 올라가 보이고 산뜻한 느낌을 갖도록 한다. **• 가모의 길이** 전체적인 길이의 배열은 눈매에 따라 선택하되, 인모의 길이보다 너무 길지 않도록 한다. **• 주의할 점** 가모의 길이가 너무 긴 경우에는 눈이 더 처져 보이거나 눈앞에 상이 보일 수 있다.
눈매교정을 위한 디자인법	**• 포인트** : 눈 전체 **• 길이** : 전체적으로 짧은 길이 **• 컬링** : CC컬, 뷰러컬, L컬 적용

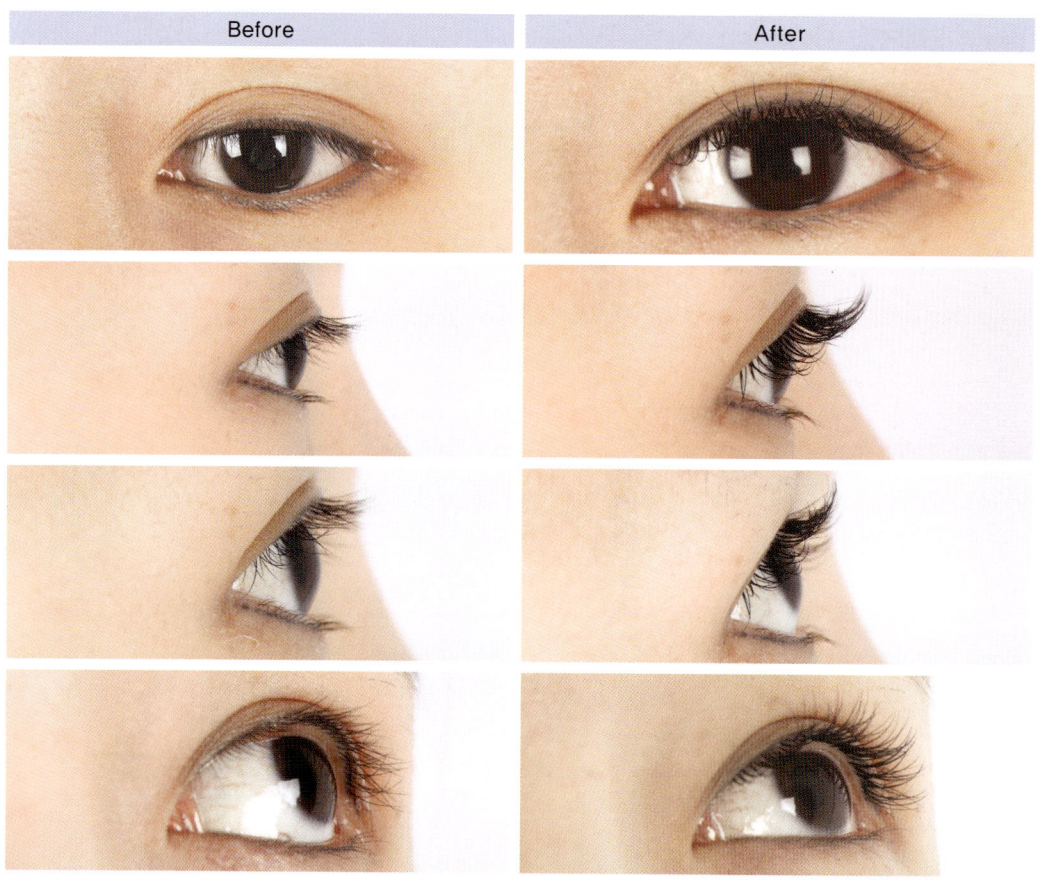

완성 이미지

Part 02 Professional 응용심화편

Type 4
눈꼬리가 처진 경우

디자인설명	**• 눈매디자인** 쌍꺼풀이 있는 경우에는 눈꼬리만 처진 경우가 일반적이나 쌍꺼풀이 없는 경우에는 눈매의 중앙 부분부터 처진 경우가 많다. 눈꼬리가 처진 눈매는 눈이 크게 보이도록 교정해야 한다. **• 가모의 종류** 앞머리(I.P)부터 눈매 기준점(T.P)까지가 포인트로 중앙부터 눈꼬리까지는 짧은 CC컬의 굵지 않은 가모를 사용하는 것이 좋다. **• 주의할 점** 눈을 3등분하여 눈매가 처진 부분을 교정한다(눈매의 3등분법).
눈매교정을 위한 디자인법	**• 포인트** : 앞머리(I.P)부터 눈매 기준점(T.P)까지 **• 길이** : 눈의 뒷머리는 처짐선부터 길이를 줄여 눈꼬리는 아주 짧게 **• 컬링** : 눈꼬리가 처진 부분은 CC컬을 사용

완성 이미지

Type 5
양쪽 눈의 크기가 다른 경우

디자인설명	• **눈매디자인** 양쪽 눈의 크기가 비대칭인 경우에는 가모의 길이와 컬의 크기를 조절하여 양쪽 눈이 대칭으로 보일 수 있도록 시술해야 한다. • **가모의 길이** 눈의 크기차가 심할 경우에는 작은 눈에는 상대적으로 더 긴 가모를, 큰 눈에는 짧은 가모를 사용하여 숱의 양을 적게 한다(약 0.5~1mm 정도 차이로 사용). • **주의할 점** 가모의 길이나 컬을 잘못 적용할 때에는 눈 크기의 차이를 더 크게 만들 수 있다.
눈매교정을 위한 디자인법	**양쪽 눈의 크기 차이의 원인**(눈매상태에 따라 적당한 컬과 길이로 교정) • 눈두덩의 지방의 양이 다르거나 처져서 누르는 경우 • 양쪽 눈의 쌍꺼풀의 크기가 다르거나 여러 겹의 쌍꺼풀 라인이 있는 경우 J컬 10mm J컬 / C컬 (눈매에 따라 적용) 11mm

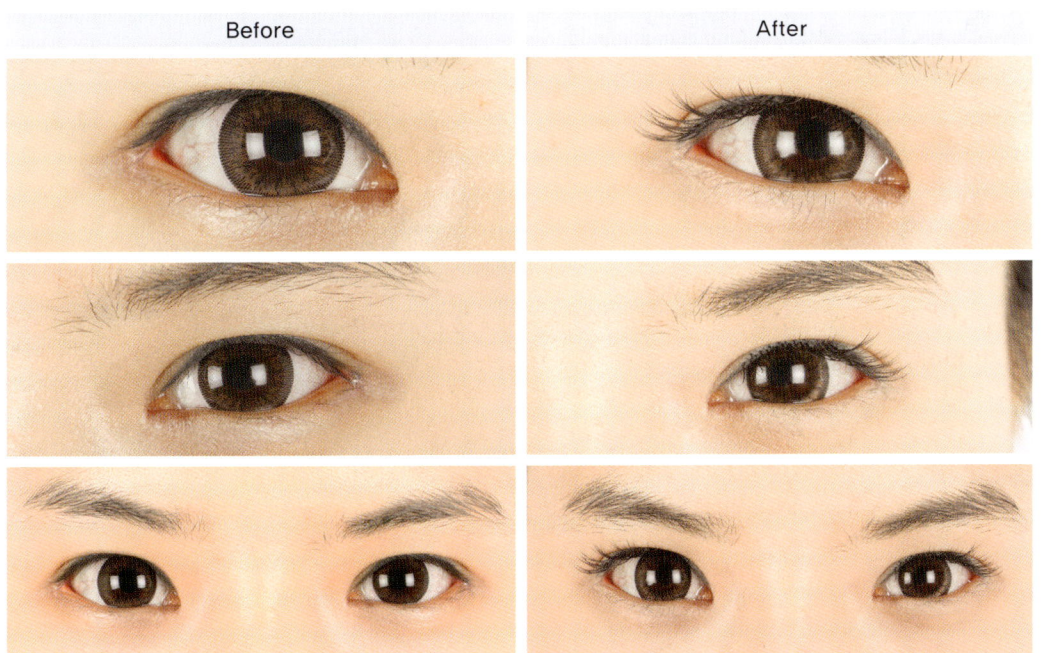

Type 6
눈꼬리가 올라간 경우

디자인설명	• **눈매디자인** 눈꼬리가 올라간 사람은 자칫 사나워 보일 수 있으며 눈매의 트임이 시원하게 이루어지지 않아 답답해 보이기 쉽다. 따라서 포인트를 앞머리와 중앙에 맞추고 뒷머리의 꼬리 부분은 짧은 기장을 사용하여 눈꼬리가 내려가 보일 수 있도록 해야 한다. • **가모의 길이** 앞머리(I.P)부터 중앙까지는 포인트 부분이므로 컬이나 길이가 중심이 되도록 시술하며, 뒷머리 부분은 짧게 연결하여 눈꼬리가 강조되지 않게 디자인한다. • **주의할 점** 앞머리를 포인트로 너무 길게 시술하지 않는다. 또한 눈꼬리가 올라가면 앞머리가 처진 경우가 많으므로 눈매를 확인한 후 길이와 컬을 결정한다.
눈매교정을 위한 디자인법	• **포인트** : 눈 앞머리와 중앙(뒷머리 시선분산) • **길이** : 눈의 중앙까지는 길게 연출하고 뒷머리 눈꼬리 부분은 짧게 연결 • **컬링** : 앞머리는 C컬, 눈꼬리 중앙까지 JC컬 또는 J컬 적용, 뒷머리는 J컬과 일자형컬 적용

Type 7
눈매의 폭이 작은 경우

디자인설명	**• 눈매디자인** 눈매의 폭이 작은 경우란 눈의 길이가 좁은 경우를 의미한다. 눈매의 폭이 작을 때는 눈이 길어 보이는 효과를 가지도록 속눈썹 연장을 해야 하며 눈의 중앙부터 뒷머리부분이 포인트가 된다. **• 가모의 길이** 중앙부터 뒷머리 부분까지 서서히 가모의 길이가 길어지도록 눈꼬리 끝까지 시술한다. 뒷머리(O.P)의 기본 길이를 길게 디자인하여 눈이 시원하게 길어 보일 수 있도록 한다. **• 주의할 점** 눈 뒷머리 부분이 눈매의 중앙부터 자연스럽게 길어져야 하며, 숱이 자연스럽게 풍성해지는 패턴을 만들어야 한다.
눈매교정을 위한 디자인법	**• 포인트** : 눈 뒷머리 **• 길이** : 뒷머리 부분을 길게 적용(O.P의 사선을 많이 표현한다) **• 컬링** : 눈 모양에 따라 적용 Point 끝기장을 길고 진하게 자연스러운 숱의 배열

Type 8
눈매가 긴 경우

디자인설명	• **눈매디자인** 긴 눈매를 가진 사람은 눈매가 동그랗게 보이기를 원한다. 따라서 디자인 포인트를 눈 중앙에 두어 눈이 동그랗게 보이는 효과를 만들어내야 한다. • **가모의 길이** 눈의 앞머리와 뒷머리는 짧게 시술하고, 중앙은 가장 긴 기장을 사용하여 시술하며, 숱을 풍성하게 하여 포인트를 준다. • **주의할 점** 앞머리와 뒷머리의 가모 길이를 짧게 설정하는 것과 중앙의 가모 숱을 포인트로 설정한다.
눈매교정을 위한 디자인법	• **포인트** : 눈매 중앙 • **길이** : 앞·뒤 기장 짧게 • **컬링** : 눈 모양에 따라 적용 Point / 짧고 숱을 적게 / Point / J컬 C컬 11mm

06 탑래쉬 & 언더래쉬
Top Lash & Under the Lash

 ### 탑래쉬 Top Lash

탑래쉬란?

눈 위에 나있는 눈썹부분의 모에 가모를 붙여서 연장하는 것

탑래쉬의 필요성

- 겁이 많거나 병력으로 반영구 시술이 어려운 분들에게 효과적이다.
- 티가 나는 반영구 시술을 원하지 않는 분들에게 효과적이다.
- 눈썹 숱이 적은 경우 풍성해 보이는 효과를 얻을 수 있다.
- 흉터로 인해 눈썹이 나지 않는 곳에 효과적이다.

탑래쉬 이용고객의 선호도

반영구시술이 부담스럽거나 색으로만 채워 넣은 반영구 시술에 모를 풍성하게 붙여 더 자연스러운 눈썹을 가지고 싶은 40대 이후의 여성이나 눈썹 숱이 없는 남성들에게 선호도가 높다.

탑래쉬 시술방법

01

탑래쉬용 가모를 준비한다(속눈썹 시술 시에 가모를 준비하는 방향과 반대 방향).

02

퍼프로 눈썹을 닦아 정리한다.

03

시트에서 가모를 떼어낸 후 컬이 아래로 커프를 틀게 잡는다(속눈썹 시술과 반대).

04

글루를 소량 묻혀 왼손의 핀셋으로 모를 가른 뒤 눈썹 결에 맞춰 시술한다.

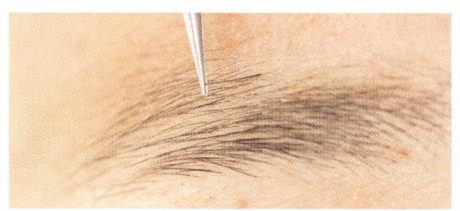

눈썹 결과 가모의 방향

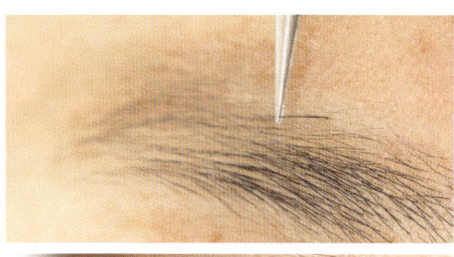

눈썹 중앙
5~7mm 길이의 가모를 사용하여 눈썹 빈 곳을 메우면서 눈썹의 산을 만든다.

눈썹 앞부분
4~5mm 길이로 가모가 솟구치지 않게 눈썹결에 맞추어 둥글게 붙인다. 이 때 눈썹 앞부분에 가모가 많으면 부자연스러울 수 있기 때문에 10가닥 내외로 붙이도록 한다.

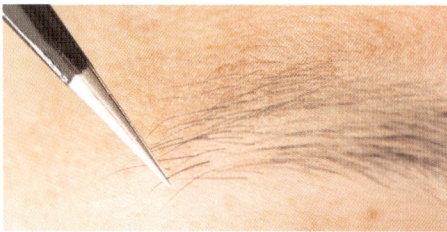

눈썹 뒷부분
4~7mm 길이로 모가 처지지 않도록 붙인다.

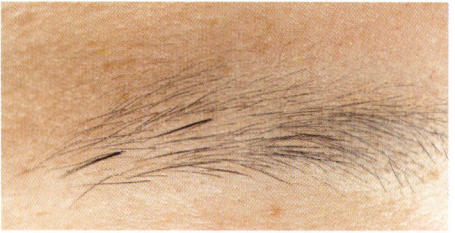

전체적인 눈썹 연장
전체적인 그라데이션의 느낌이 자연스럽게 표현되어야 하며, 눈썹모의 길이도 얼굴형에 맞추어 시술하여야 한다.

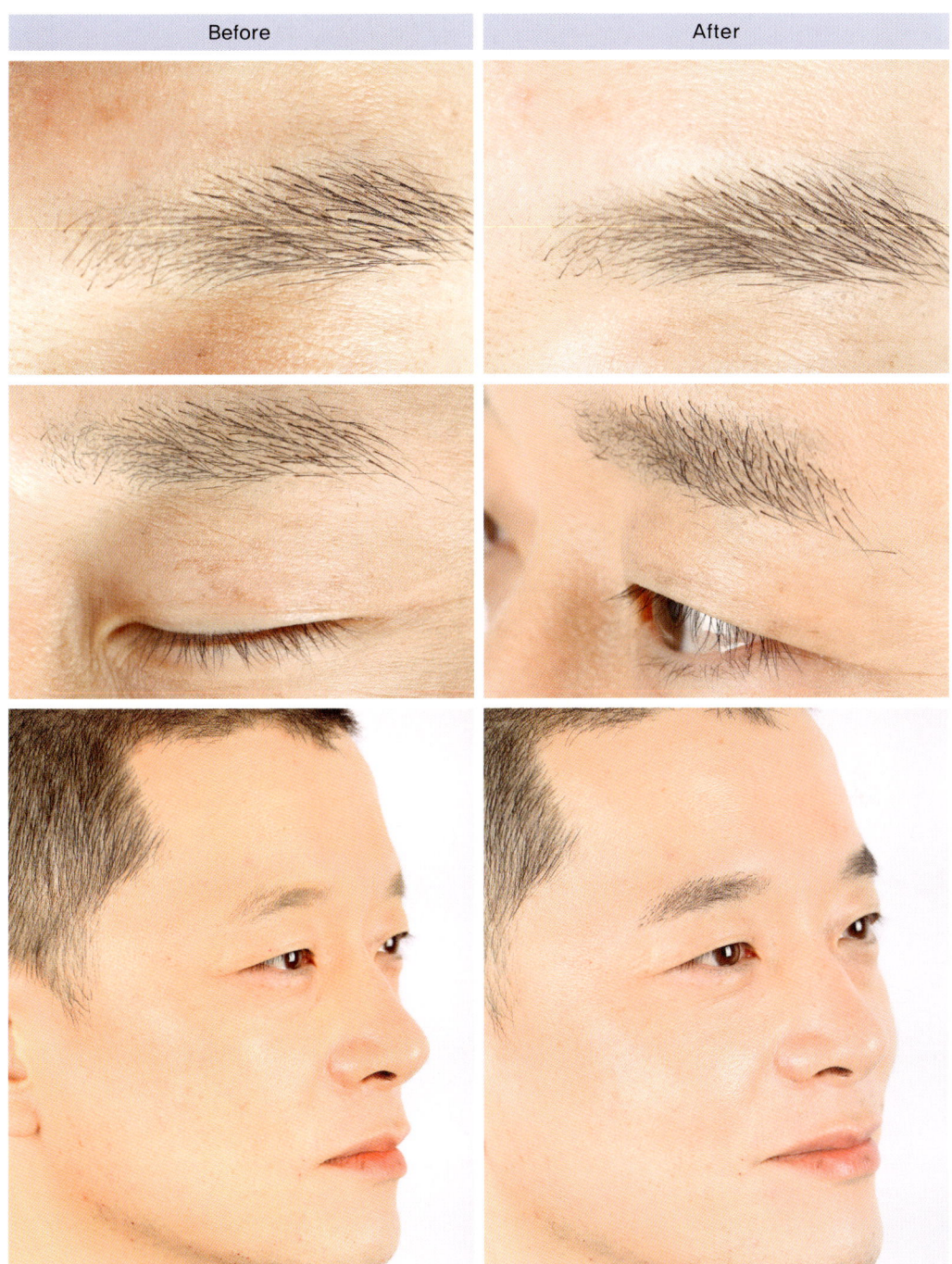

언더래쉬 Under the Lash

언더래쉬란?

아래 눈꺼풀에 난 속눈썹에 가모를 붙여서 연장하는 것

언더래쉬의 필요성

- 시술 전보다 눈이 커 보이는 효과가 있다.
- 숱이 없거나 짧은 모인 경우 아래속눈썹이 길고 풍성해 보인다.
- 속눈썹 연장시술보다 시간이 단축되고 유지기간이 짧기 때문에 매출에 효과적이다.

언더래쉬 이용 고객층의 선호도

- **20대이거나 화장이 진한 젊은 고객층**

  시술 전·후가 분명한 것을 좋아하는 20대나 진한 화장을 선호하는 고객에게는 0.15T의 굵기로 4~8mm를 사용하여 시술한다.
  - 눈매의 앞쪽은 4~5mm로 짧게 붙이고 뒤쪽은 7~8mm로 붙여서 눈매가 옆으로 더 길어 보이도록 만들어 아이라인의 효과를 준다.
  - 눈매의 앞쪽은 4mm로, 가운데는 7~8mm로, 뒤쪽은 5mm 정도로 짧게 붙여 눈이 세로로 더 크고 동그랗게 보일 수 있도록 한다.

- **30대 이후이거나 자연스러움을 원하는 고객층**

  자연스럽고 부담스럽지 않게 언더래쉬에 포인트를 주기를 원하는 고객에게는 0.10T의 굵기로 5~6mm를 사용하여 시술한다.
  - 전체적으로 5mm를 붙여 시술 전부터 원래 언더래쉬가 긴 듯한 느낌으로 자연스러우면서도 눈이 선명해 보이는 효과를 만든다.
  - 7mm를 포인트로 5~10가닥을 붙이고 사이사이에 5,6mm를 붙여 자연스럽게 시술한다.

언더래쉬 시술방법

01

가모를 준비한다(속눈썹 시술 시에 가모를 준비하는 방향과 반대 방향).

02

면봉으로 눈썹을 닦는다.

03

아이패치 위로 모가 올라와 보이게 붙인다.

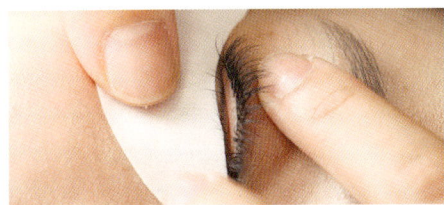

04

시트에서 가모를 떼어낸 후 컬이 아래로 커프를 틀게 잡는다(속눈썹 시술과 반대).

05

글루를 소량으로 묻힌 후 왼손에 든 핀셋으로 모를 가른 후에 가모를 방향에 맞도록 바르게 붙인다.

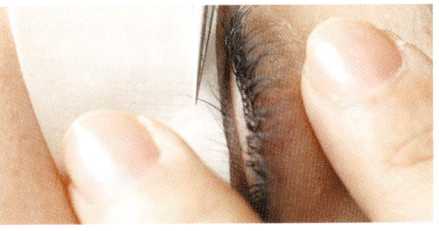

언더래쉬 시술방향

언더래쉬 완성

Special 03 속눈썹 연장시술 주의사항

1. 속눈썹 시술 전 주의사항

- 시술 전 고객 상담을 원칙으로 한다.
- 시술자는 위생 상태를 확인한 후 시술에 임해야 한다.
- 라섹이나 라식 등의 굴절교정수술을 받은 경우 일주일이면 세안 등이 가능해진다. 따라서 속눈썹 시술도 대부분의 경우 일주일 이후면 가능하지만, 라식수술의 경우에는 눈의 충격이나 눈꺼풀 뒤집힘 등에 주의가 필요하므로 한 달까지는 주의 깊은 시술이 필요하다. 또한 라식이나 라섹수술 후 조기의 속눈썹 시술은 건조증이나 눈꺼풀염의 악화를 가져올 수 있어 환자에게 건조증 등의 증상을 확인 후 시술이 필요하고 시술 후 건조증상의 일시적 악화가능성을 설명 후 시술하는 것이 필요하다.
- 쌍꺼풀 수술의 경우 매몰법일 때는 2~3주 후부터 시술도 가능하나, 절개하여 시술한 경우에는 피부 알레르기 반응으로 예민한 상태가 나타날 수 있으므로 1~2개월 후 정도부터 시술이 가능하다.
- 수술 후 개인에 따른 차이를 보이므로 반드시 고객의 상태를 점검 후 시술동의가 필요하다.
- 안과질환 환자는 완쾌 후에 시술하도록 한다.
- 안구가 충혈된 상태일 때는 시술을 하지 않는다.
- 안구건조증이 심한 경우 시술을 하지 않는 것이 좋다.
- 피로감이 심하거나 눈이 예민한 경우는 시술을 피한다.
- 눈 전용 화장품(마스카라, 섀도, 아이라이너)에 예민한 피부는 시술을 피하는 것이 좋다.
- 속눈썹 모를 뽑는 습관을 지닌 발모광의 고객은 시술하지 않는다.
- 외부 자극에 의한 견인성탈모가 심하거나 건강상의 이유로 눈썹모의 탈모가 진행 중인 경우에는 시술을 피해야 한다.

※ 고객이 시술 당일에 아이래쉬 컬러(뷰러)를 사용하거나 아이라인을 진하게 그리지 않도록 미리 안내한다.

2. 속눈썹 시술 중 주의사항

- 올바른 시술이 이루어지지 않으면 고객이 불편함과 고통을 느낄 수 있으므로 기본적인 테크닉을 철저하게 지킨다.
- 시술 도중에 고객의 눈이 예민해져 눈물이 흐르게 되면 백화현상을 일으켜 유지기간이 짧아지므로 자극을 주지 않도록 주의한다.
- 극도로 예민한 피부는 피부와의 가모시술 간격을 2mm 정도로 두고 시술하는 것이 바람직하다.
- 시술 중에 눈을 뜨거나 눈이 들려서 자극이 가지 않도록 한다.
- 쌍꺼풀 수술 후에 눈이 감기지 않는 고객은 눈을 인위적으로 감기고 시술해야 한다.
- 고객이 편안하고 안정된 상태로 시술을 받고 있는지 지속적으로 확인한다.
- 시술자는 시술 중에 전화 통화나 잡담을 피해야 한다.
- 시술 중에 자리를 비워서는 안 되며, 처음부터 끝까지 모든 시술 과정을 한 사람이 마무리해야 한다.

3. 속눈썹 시술 후 주의사항

- 시술 후 글루가 완전하게 경화·고정되기까지 6시간 정도는 세안을 피한다.
- 사우나, 찜질방 등 습도가 높은 곳은 시술 후 1주일 이내에는 피하도록 한다.
- 시술 후 눈을 비비거나 만지지 않도록 주의한다.
- 엎드려서 잠을 자는 자세는 속눈썹이 구부러지기 쉽다.
- 세안은 해면 세안이나 세안용 브러쉬로 눈을 피해서 한다.
- 클렌징 오일이 가모에 닿으면 가모가 일찍 분리될 수 있으므로 눈 주위에 닿지 않게 주의한다.
- 아이래쉬 컬러(뷰러)를 사용하는 경우 속눈썹의 컬링과 방향이 꺾이기 때문에 절대 사용을 금한다.
- 마스카라 역시 가급적이면 사용하지 말아야 하며, 반드시 필요한 경우에는 전용 수성 마스카라와 아이라이너를 사용한다.
- 시술 후 성장제를 사용할 수 있다.
- 흡연자는 자칫 눈썹을 태우는 경우가 발생할 수 있으므로 라이터 불을 조심한다.
- 겨울보다는 온도가 높은 여름에 가모가 더 쉽게 분리된다.
- 수영을 매일하는 경우 가모분리가 더 쉽게 이루어진다.
- 땀을 많이 흘리는 운동은 가모분리를 촉진시킨다.
- 여름철 바닷가에서는 염분으로 인해 글루가 딱딱해지기 쉬워 가모가 더 쉽게 탈락하게 된다.
- 임산부는 호르몬의 영향으로 가모 탈락이 정상화되지 않고 자연탈모와 함께 탈락한다.

All of Eyelash
Extension

01 속눈썹과 모발
02 속눈썹과 눈의 이해
Special 04 속눈썹 샵의 창업과 취업의 전망
Special 05 고객 관리

Part 03

Theory 이론편

01 속눈썹과 모발

속눈썹과 모발의 기원과 발생

사람의 경우 수정 후 3일째의 배(수정란)의 5번째의 분열에 의해 32개의 세포가 인정되어 이때부터 각각의 세포에 형태의 차이가 나타나기 시작한다. 그리고 수정 후 10~11일째의 배는 안쪽에 있는 세포덩어리들이 이동하면서 배엽을 형성하기 시작하는데, 이 때 배벽의 함입으로 생긴 안쪽의 벽을 '내배엽'이라 하고 바깥쪽의 벽을 '외배엽'이라 한다. 속눈썹과 모발은 외배엽에서 기원된다.

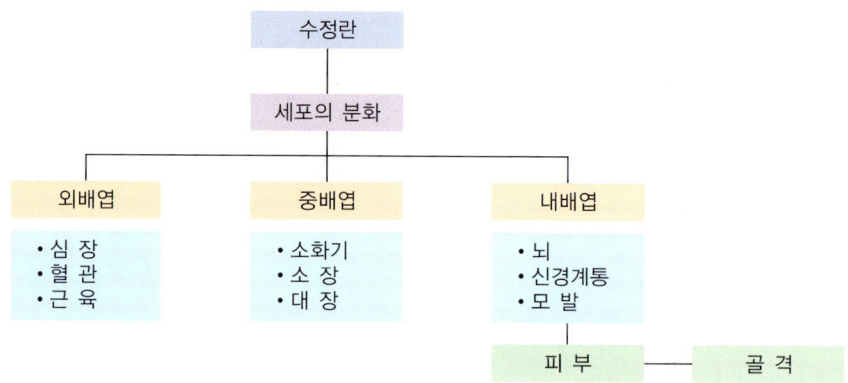

[조직의 분화]

속눈썹의 정의

속눈썹은 첩모(睫毛)라고도 하며 인체에서 가장 예민한 눈꺼풀로 안검(眼瞼)에 위치하고 있다. 먼지나 벌레, 땀이나 빗물 등이 눈으로 들어가지 못하게 눈을 보호해 주는 역할을 하기도 하지만, 미적인 측면에서 볼 때 풍성한 속눈썹은 아름다움의 기준이 되기도 한다.

일반적으로 위쪽 속눈썹모의 길이는 10mm 내외이며 개수는 100~150개 정도이고, 아래에 위치한 속눈썹모의 길이는 7mm 내외이며 개수는 70~80개 정도이다. 남자가 여자보다 많은 속눈썹을 가지고 있으며 구체적으로는 성별, 나이, 인종, 유전이나 환경적 요인에 따라 달라진다.

속눈썹과 모발의 기능

인간의 몸은 손바닥, 발바닥, 눈꺼풀, 입의 점막, 배꼽, 유두 등을 제외한 전신에서 털이 자라며 다양한 기능을 가지고 있다.

인체보호의 기능

모발은 외부로부터 충격을 받았을 때 쿠션의 역할과 직사일광, 한랭, 마찰 등 외부의 자극으로부터 인체를 보호하기 위한 기능을 한다. 눈썹은 눈 속으로 땀이 흘러 들어가지 못하도록 하고, 속눈썹은 먼지로부터 눈을 보호해주며, 코털, 귓속 털은 먼지나 벌레의 침입을 막아준다.

중금속의 체외배출 기능

신체에 유해한 비소, 수은, 아연 등의 중금속이 체외로 배출되는 기능이 있다.

장식적 기능

인간은 아름다움에 대한 무한한 욕구를 가지고 있기 때문에 장식 면에서도 개개인의 특징을 나타내는 중요한 역할을 하고 있다. 또한 같은 사람이라도 헤어스타일과 속눈썹 등에 따라서 외모의 차이를 크게 느낄 수 있다. 따라서 개인적인 장식의 기능이 주요기능으로 점차 강하게 대두되고 있다.

> **속눈썹의 기능**
> - 깜빡이는 반사작용(反射作用)으로 먼지, 벌레 등을 막아주며 안구 위에 있는 분비액을 위·아래로 고르게 분산한다.
> - 땀이나 빗물이 얼굴을 흘러내릴 때 눈 속으로 들어가지 않게 눈을 보호하는 기능을 한다.
> - 눈꺼풀이 거의 닫힌 상태에서 강한 빛을 산란시켜 눈으로 들어가는 빛을 줄여서 눈을 보호하는 기능을 한다.

속눈썹과 모발의 구조적 특징

모간(Shaft)

① 모표피(Cuticle)

모표피는 가장 바깥층에 있으며 5~15층의 얇고 투명한 세포가 고기비늘 모양으로 겹쳐져 있다. 외부의 자극으로부터 털의 내부를 보호하고 화학적 자극에 저항하며 모(毛)의 광택, 습윤 정도를 나타낸다. 건강모는 비늘 상태가 규칙적이어서 광택이 있고 단단하여 외부의 자극을 적게 받는 반면, 손상된 모표피는 스스로 재생 능력이 없으므로 영양 물질로 손상 부위를 메워줘야 한다.

- 에피큐티클(Epicuticle)

    10㎛ 정도 두께의 얇은 막으로 수증기는 통과하지만 물은 통과하지 않는다. 다당류, 단백질, 인지질 등이 견고하게 결합되어 있어 산소나 화학약품에 대한 저항성이 가장 강하다. 그러나 딱딱하고 부서지기 쉽기 때문에 기계적인 작용을 받아 손상되기 쉽다. 친유성(親油性)으로 알칼리에 강하며 한 장의 길이는 8~100μ, 두께 0.5~1μ이며 육안으로는 식별이 불가능하다.

- 엑소큐티클(Exocuticle)

    부드러운 케라틴의 층으로 화학약품의 작용을 받기 쉬운 층이며 물리적, 화학적 저항력이 에피큐티클보다 현저히 낮은 부분이다.

- 엔도큐티클(Endocuticle)

    최 내층으로서 시스틴 함유량이 적기 때문에 단백질 침식성의 약품에 약하다.

② 모피질(Cortex)

모표피와 모수질 사이의 섬유상 부분으로 모(毛) 면적의 약 85~90%를 차지하고 있으며 세포막이 피질 세포와 간충물질로 강하게 연결되어 있다. 모피질은 모(毛)의 힘, 두께, 탄성, 컬 정도를 나타내고, 멜라닌이 모발의 색을 결정한다.

- 매크로 피브릴(Macro-fibril)

    피질 세포들은 가장 큰 섬유 다발과 거대 섬유(macro-fibril, 마이크로 피브릴)들을 점유하고 있으며, 이들을 둘러싸고 있는 간충물질들로 구성되어 있다.

- 마이크로 피브릴(Micro-fibril)

    마이크로 피브릴이 다수 모여 매크로 피브릴을 구성하고 있으며, 마이크로 피브릴의 배열 부분은 부분적으로 다르고 나선상으로 늘어져있다.

- 프로토 피브릴(Proto-fibril)

    프로토 피브릴의 원섬유는 용수철과 같은 나선형의 헬릭스(Helix) 구조로 되어 있다. 헬릭스 구조는 용수철과 같이 적절한 힘을 가했을 때 늘어났다가 힘을 뺐을 때 다시 원래의 모양으로 되돌아가는 탄력성을 가지고 있다. 화학적으로 전자의 경우를 알파 헬릭스(α-helix), 후자의 경우를 베타 헬릭스(β-helix)라고 부르며, 또한 이렇게 변화되는 것을 알파, 베타 전이($\alpha\beta$-transformation of keratin)라고 한다.

③ 모수질(Medula)

모(毛)의 중심 부위로 여러 개의 공포가 있고 그 속에는 공기가 들어 있다. 실질적인 기능은 알려지지 않고 있지만 공기로 채워진 공간으로 추정된다. 연모에는 없고 경모에만 존재한다.

모근(Root)

모(毛)는 각질화, 케라틴화 된 구조를 하고 있다. 털의 가장 심부가 있는 부분을 모구(Bulb)라고 한다. 모근은 모낭에 둘러싸여져 있고, 모구는 모근의 가장 밑 부분으로 모유두(Papilla)가 있다. 부속 기관으로 입모근, 피지선, 한선, 혈관, 신경 등이 있다.

① 모낭(Follicle)

모낭은 진피에서 표피를 가로지르는 관으로 털이 있고, 털을 보호하는 역할을 한다. 모낭은 내모근초(Inter Root Sheth), 외모근초(Outer Root Sheth), 결합조직초(Connentive Tissue Sheth)의 3부분으로 나뉜다.

② 모유두(Papilla)

모구 끝부분의 오목한 부위에 접해 있으며, 모세혈관과 림프관을 통해 영양분을 공급받아 모모세포로 전달하며 모발의 생성을 돕는다.

③ 모모세포(Gerininal Matrix)

모유두와 접하는 곳에 있고 분열이 왕성하여 끈임 없이 세포를 분열시키고 증식시키면서 모발을 생성하게 한다.

④ 모구(Hair Bulb)

전구나 온도계처럼 둥근 부분을 의미하며 모근의 하단부를 지칭한다. 모구의 세포는 유핵세포로서 모근 상부와 모간부의 케라틴화된 각화세포에 비해 세포내에 수분이 많은 둥근 모양의 세포로 이루어져 있다.

⑤ 입모근(Arrector Pili Muscle)

기모근이라고도 하며, 추위와 공포로 인한 근육의 수축으로 털을 세우고, 자율신경의 지배를 받는다. 눈썹, 속눈썹, 코털, 겨드랑이 털에는 존재하지 않는다. 신경섬유 분포로 촉각 기능을 가진다.

⑥ 피지선(Sebaceous Gland)

피지를 분비하여 피부와 모발을 부드럽게 한다. 피부의 부속선 중의 하나이며 여기에서 만들어진 피지의 일부는 모낭 내에 있는 털을 통해 올라와 둘레를 싸고, 일부는 모낭벽을 따라 피부의 표면에 퍼져 윤기를 준다.

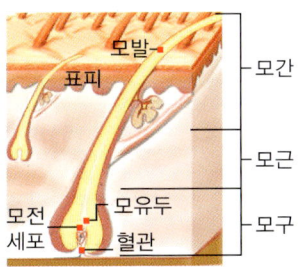

속눈썹과 모발의 구조

속눈썹과 모발의 성장

모(毛)는 하루에 평균 0.2~0.5mm 정도 자라며 구체적인 모발의 성장 속도는 신체 부위별, 성, 연령, 계절, 건강상태, 영양상태, 내분비 상태, 질환 유무 등에 따라 달라진다. 예를 들면 여성이 남성보다, 봄과 여름(5~6월경)이 가을과 겨울보다, 밤이 낮보다 성장 속도가 빠르다.

모발의 수명은 영양상태, 호르몬, 유전 등의 영향을 받으며, 개인적인 차이는 있지만 일반적으로 남자는 3~5년, 여자는 4~6년 정도이다. 속눈썹의 성장주기는 3~4개월이다.

수 명	속눈썹	1~6개월
	머리카락	3~6년

성장기(Anagen)

모유두에 접해있는 모세혈관으로부터 영양을 공급받아 활발한 세포분열을 일으켜 새로운 모발이 생성되어 성장하는 단계이다. 성장기는 전체 모발의 80~90% 기간을 차지하며, 약 2~6년 정도 지속된다. 1일 성장은 약 0.35~0.5mm 정도이다. 구체적으로는 개인의 영양상태, 건강상태, 내분비상태, 질환유무, 성, 연령 등에 영향을 받는다.

성장속도 (1日)	속눈썹	0.07~0.15mm
	머리카락	0.35~0.5mm

퇴화기(Catagen)

성장기에서 휴지기로 넘어가는 중간단계로 세포분열이 정지되어 성장 속도가 느려지고 케라틴을 만들어내지 않는 단계이다. 모(毛)가 모유두에서 분리되어 모낭 위로 올라간다. 퇴화기는 전체 모발의 약 1%를 차지하며 퇴화 기간은 2~4주 정도이다.

휴지기(Telogen)

모구의 세포분열이 멈추고 모유두의 활동이 일시 정지되어 모발이 빠지는 시기이다. 모낭의 심부에는 새로운 성장기의 모발이 성장을 계속하고 있다. 휴지기는 전체 모발의 14~15%(분만 후에는 30~40%)를 차지한다. 모발이 즉시 빠지지 않고 한동안 두피에 남아 있는 휴지 기간은 약 3~4개월 정도이다.

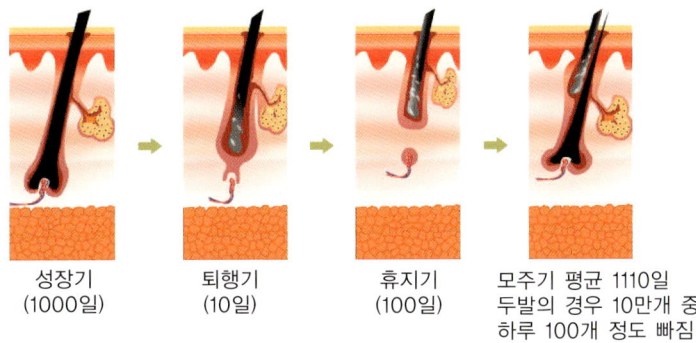

성장기　　　퇴행기　　　휴지기　　　모주기 평균 1110일
(1000일)　　(10일)　　　(100일)　　두발의 경우 10만개 중
　　　　　　　　　　　　　　　　　　하루 100개 정도 빠짐

속눈썹과 모발의 성장주기

부위별 모발주기와 1일 성장

- **모발주기**
  - 수염 : 2~3년
  - 성모(겨드랑이, 음모) : 1~2년
  - 눈썹 : 4~5개월
  - 속눈썹 : 3~4개월

- **1일 성장**
  - 수염 : 0.27~0.38mm
  - 성모(겨드랑이, 음모) : 0.3mm
  - 눈썹 : 0.18mm,
  - 속눈썹 : 0.15mm

속눈썹의 성장과 상태

속눈썹의 1일 성장속도는 0.07~0.15mm 정도이며 두께는 0.1~0.15mm 내외이다. 위쪽 속눈썹모의 길이는 10mm 정도로 100~150개 정도가 있고, 아래쪽 속눈썹모의 길이는 7mm 내외로 70~80개 정도가 있다.

속눈썹은 3~5개월 정도 눈을 보호하며 유지되다가 6~8개월이 지나면 탈락하게 되고, 8~10개월이 지나면 다시 새로운 속눈썹이 자란다. 속눈썹은 독립주기로 순차적으로 빠지고 일정한 수를 유지해나간다.

구 분	속눈썹의 형태	속눈썹의 상태
성장기	위로 솟아 있음	새로 자라나는 상태
퇴행기	눈을 보호하는 적당한 길이	건강모의 상태
휴지기	아래로 처지는 형태	탈락을 준비하는 상태

속눈썹과 모발의 물리적 성질

속눈썹과 모발의 질감(Texture)
모(毛)의 질감은 각 개인의 털의 직경에 따라 달라진다. 일반적으로 굵은 모, 중간 모, 가는 모로 나누어지며, 영양 상태나 건강 상태에 따라 질감이 달라지고 물리, 화학적 시술에 의해서도 질감이 차이가 난다.

속눈썹과 모발의 밀도(Density)
밀도는 모발의 수에 의해 결정된다. 일반적으로는 약 8만~12만 정도이며, 한국인은 약 10만개, 금발은 약 13만개, 갈색모는 약 11만개, 흑모는 약 10만개, 적모는 약 8만개 정도이다. 속눈썹의 개수는 100~150개 정도이다.

속눈썹과 모발의 탄력성(Elasticity)
탄력성이란 모(毛)를 끊어지지 않을 정도까지 잡아당겼다가 놓았을 때 원래 상태로 다시 돌아가려는 성질을 말한다. 정상인의 모발은 탄력성이 우수하며 물에 젖어 있으므로 원래 길이의 1.7배 정도 늘어난다.

속눈썹과 모발의 강도(Intensity)와 신장(Extension)
강도는 당겼을 때 끊어지지 않고 견디는 힘을 말하며 건강모는 강도가 강하지만, 손상모는 강도가 약하다. 건강모의 신장률은 40~50% 정도이고 물에 젖었을 때는 60~70%이다.

속눈썹과 모발의 다공성(Porosity)
다공성은 화학처리로 인해 모(毛)의 피질층을 채우고 있는 간층물질이 소실되어 모(毛)의 조직 중에 빈 공간이 많아지는 것을 말한다. 건강모는 모표피가 규칙적이므로 화학제품이 과다 흡수되지 않으나, 손상모는 모표피가 열려 있어 과다 흡수되어 심하게 손상될 우려가 있다.

속눈썹과 모발의 습윤성(Moisture)
습윤성은 공기 중 습도가 높으면 수분을 흡수하고 건조하면 수분을 뺏기게 되는 성질을 말한다. 건조한 모(毛)는 부드러움과 광택이 없고 거칠어지므로 트리트먼트를 해야 한다. 모(毛)의 수분 함유량은 10~15%일 때가 가장 이상적이며, 손상모는 일반적으로 10% 이하이다.

속눈썹과 모발의 열변성(Heat Denaturalization of Hair)
건열에서는 외관적으로 120℃ 전후에서 팽화되고 130~150℃ 전후에서 변색이 시작되며, 270~300℃가 되면 타서 분해가 된다. 화학적으로는 150℃ 전후에서 시스틴의 감소를 볼 수 있고, 180℃가 되면 알파 케라틴(α-keratin)이 베타 케라틴(β-keratin)으로 변한다. 습열에서는 100℃ 전후에서 시스틴의 감소를 볼 수 있고, 130℃에서 10분간 두면 케라틴의 α형이 β형으로 변화한다.

속눈썹과 모발의 광변성(Light denaturalization of Hair)

적외선과 자외선은 모(毛)에 직접적인 영향을 준다. 적외선의 열이 과도한 경우 모발 케라틴을 파괴하여 모(毛)의 손상을 초래하며, 자외선은 모(毛)의 시스틴 함량을 감소시키고 멜라닌을 파괴하여 모발 손상과 탈색을 초래한다.

속눈썹과 모발의 색(Color)

모(毛)의 색은 모피질의 멜라닌의 양과 분포 정도에 따라 결정된다. 황갈색의 페오멜라닌(pheomelanin)은 분사형 색소로 서양인에게 많고, 흑갈색의 유멜라닌(eumelanin)은 쌀 알갱이 형태의 입자형 색소로 흑색에서 적갈색까지 모(毛)의 어두운 색을 결정하며 동양인에게 많다. 입자형 색소와 분사형 색소가 하나의 멜라닌 미립자 안에 있으면 혼합멜라닌이라고 한다. 멜라노이사이드는 눈으로 볼 수 없는 모유두의 끝 부위, 즉 피부 표피층인 기저층에 위치하고 있는데 산화효소를 많이 함유한 아미노산을 변화시켜 멜라닌 색소 과립을 생성한다.

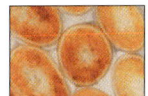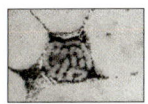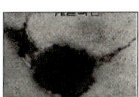

페오멜라닌과 유멜라닌

동양인과 서양인의 속눈썹 비교

동양인과 서양인 여성의 속눈썹은 다양한 차이점이 있다. 특히 속눈썹의 길이는 거의 같으나 속눈썹의 밀도와 휘어진 각도에 차이가 있는 것을 발견할 수 있다.

구 분	한국여성	백인여성
속눈썹 배열	2~3열	2~4열
속눈썹 수량	150여개	170여개
속눈썹 굵기	0.2mm 이상	0.1mm 이상
속눈썹의 휘어진 각도	10~30° 내외	30~60° 내외
속눈썹의 간격	1.0~1.5mm	0.5~1.0mm

[한국여성과 백인여성의 속눈썹비교]

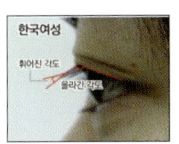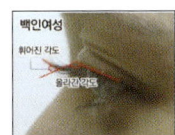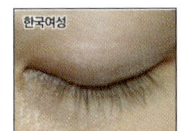

[한국여성과 백인여성의 속눈썹 각도 차이] 서울대병원, 2006

속눈썹과 모발의 두께

모(毛)지름은 보통 0.05~0.15mm이며 물기를 흡수한 모(毛)의 경우에는 팽윤되어 더 많이 두꺼워진다. 동양인은 서양인에 비해 모의 두께가 두꺼운 편이며 모표피의 두께가 두꺼울수록 모발의 보호 기능은 좋아지고 약액의 침투성은 늦어진다.

속눈썹과 모발의 pH

pH란 power of Hydrogen Ions(수소 이온 농도)로서 어떤 용액의 산성 또는 알카리성을 측정하기 위하여 0부터 14까지의 수치로 나타낸 것이다. 0(강한 산성)에서 14(강 알카리성)까지 나타내며 pH가 7인 경우에는 중성이다.

pH가 7이상인 경우는 알칼리성으로 알칼리성은 모(毛)를 부풀게 하고 표피에 더 많은 기공을 발생시키므로 큐티클(Cuticle)과 큐티클 사이에 벌어진 기공 사이로 화학약품이 쉽게 침투된다. 강산성일 때와 강알칼리의 경우에는 모(毛)가 심하게 손상된다.

속눈썹과 모발의 성분 및 화학적 구조

속눈썹과 모발의 성분

① 케라틴 단백질(Keratin protein)

모(毛)를 구성하는 성분의 80~90%가 케라틴 단백질이다. 모(毛)는 18종류의 아미노산으로 구성되어 있으며, 특히 시스틴(cystine)이 14~18% 정도 포함되어 있다. 다른 단백질에는 미량 존재하는 시스틴 케라틴(cystine keratin)이 모발에는 다량 함유되어 있어 모(毛)의 성질을 특징짓는다.

pH	아미노산의 종류	함유 비율(%)
산 성	아스파라긴산(Asparaginic Acid)	3.9~7.7
	글루타민산(Glutamin Acid)	13.6~14.2
중 성	알라닌(Alanine)	2.8
	글리신(Glycine)	4.1~4.2
	이소루이신(Isoleucine)	4.8
	루이신(Leucine)	6.4~8.3
	메티오닌(Methionine)	0.7~1.0
	시스틴(Cystine)	16.6~18.8
	페닐알라닌(Phenylalanine)	2.4~3.6
	프롤린(Proline)	4.3~9.6
	트레오닌(Threonine)	7.4~10.6
	트립토판(Tryptophan)	0.4~1.3

	티로신(Tyrosine)	2.2~3.0
중성	발린(Valine)	5.5~5.9
	세린(Serine)	4.3~9.6
	아르기닌(Arginine)	8.9~10.8
알카리성	히스티딘(Histidine)	7.5
	리신(Lysine)	9.7

② 지 질

모(毛)의 지질은 피지선에서 분비된 피지와 피질세포 자신이 가지고 있는 지질을 함유하고 있다. 피지의 분비량은 내부 요인과 외부 요인에 따라서 영향을 받기 때문에 개인차가 크고, 피지선은 두부에 가장 많이 분포되어 있다. 피지막 자체에 있는 피지는 피부, 모낭에 항상 존재하고 있는 미생물과 효소 리파제의 작용에 의해 중성지방의 일부가 가수 분해되어 유리지방산과 글리세린으로 된다.

③ 수 분

수분은 모(毛)의 유연성, 광택, 통풍, 인장강도, 정전기 등에 영향을 받는다. 일반적인 모(毛)에는 10~15%의 수분이 함유되어 있으며, 세발 직후에는 30~35%, 드라이 건조 후에는 10% 정도의 수분이 남아 있게 된다. 보통 10% 이하의 수분함유 모발을 건조모라고 한다.

④ 미량원소

모(毛)의 색은 미량으로 포함되어 있는 금속의 종류에 따라서도 달라진다. 즉 백발에는 니켈, 황색모발에는 티탄산염(Titan), 적색에는 철(Fe)과 몰르브덴(Molybdan), 흑발에는 동, 코발트, 철이 함유되어 있다고 전해지고 있다.

펩타이드 결합(Peptide Bond)

모(毛)의 주쇄결합으로 18종류의 아미노산이 펩타이드 결합을 순차적으로 반복해서 긴 쇄상이 된 폴리 펩타이드에 의해 구성되어 있다. 이는 한 개의 아미노산의 아미노기와 다른 아미노산의 카르복실기 상이에서 물(H_2O)이 빠져나오면서 이루어진 화학적 결합으로 3개 이상의 아미노산들이 길게 늘어져 있다. 고리 모양으로 결합하고 있는 것을 폴리 펩타이드 체인(Polypeptide Chain)이라고 한다.

측쇄결합(Chain Bond)

① 시스틴(Cystine Bone)

S-S 결합을 황 이온 사이의 결합이라고 하여 황결합이라고도 하며, 황이온을 가진 아미노산인 시스틴 사이의 결합이므로 시스틴 결합으로도 불린다. 시스틴 결합은 단일 결합에서 가장 강력한 결합력을 지니고 있으나 특정 화학물질에 의해 결합이 파괴되기도 하는데, 이 특성을 이용한 것이 퍼머넌트 웨이브(Permanent Wave) 시술이다.

② 이온결합(Ionic Bond)

폴리펩타이드 내의 아미노산 중에서 음극(-)을 띤 화학기(주로 산성기)와 양극(+)을 띤 화학기(주로 아미노기) 사이의 정전기적 결합이 이온결합이다. 이온결합은 크게 강한 결합은 아니지만 많은 수의 이온 결합이 모발 내에 존재하기 때문에 강력한 힘을 지니고 있다. 이온결합을 염 결합이라고도 부르는 이유는 양극(+)의 나트륨(Na^+)과 음극 염소(Cl^-)가 이온결합을 하여 소금(염, Salt)을 만드는 방식으로 결합하기 때문이다.

③ 수소결합(Hydrogen Bond)

폴리 펩타이드 체인들로 서로 매우 근접하게 놓여 있으며, 이들 중에서 수소 이온을 지닌 아미노산과 산소이온을 지닌 아미노산 사이의 친화력에 의한 결합이다. 수소 결합은 주쇄 결합과 측쇄 결합에서도 발견된다. 하나의 수소결합은 매우 약한 결합이나 측쇄 결합 중에서 가장 많기 때문에 모발의 상태를 유지하려는 힘에 중요한 부분을 차지하고 있다. 수소결합은 물이나 물리적인 힘에 의해 쉽게 파괴되며, 물이 증발되거나 물리적 힘을 제거했을 때 다시 결합된다.

④ 소수결합(Vander Wals Forces)

알콜, 수지류 등은 시간을 주면 흡수되기 때문에 케라틴(Keratin) 중에는 같은 소수성기와 소수성기 사이에 움직이는 힘이 있다. 이 결합을 소수결합이라 부른다. 최근 주목을 받고 있는 결합방식으로 프로토 피브릴의 형성, 모발 구성 등에 깊은 관계가 있는 것으로 알려져 있다.

⑤ 패널·왁스력(반데르발스 힘 : Van der Waal' force)

반데르발스 힘은 분자 간의 인력으로 종합적으로 움직이는 응집력으로 결합된 것이라고는 할 수 없는 약한 것이다.

속눈썹과 모발의 형태에 따른 분류

모(毛)의 형태는 인종에 따라 조금씩 다른 경향을 보이며 유전의 영향을 많이 받는다. '직모'는 웨이브가 거의 없이 직선으로 내려오는 모발로 황인종이 많이 가지고 있으며, '파상모'는 웨이브가 있는 모발로 대부분 백인종이 많다. 또한 '축모'는 심한 곱슬머리로 흑인종에게서 많이 발견할 수 있다. 그러나 모발이 직모인 경우에도 음모나 액모는 파상모 또는 축모로 나타나기도 하는데, 이는 발생부위에 따라 형태적 차이가 있음을 나타낸다.

형상에 따른 분류	직모(Straight hair)	파상모(Wavy hair)	축모(Curly hair)
굵기에 따른 분류	• 가는 모발(slim hair) • 0.05~0.07mm	• 보통 모발(normal hair) • 0.08~0.09mm	• 굵은 모발(thick hair) • 0.1~0.15mm

직 모	파상모	축 모
모낭이 피부 표면으로부터 일직선으로 세워져 있으며, 모발 단면을 현미경으로 관찰하면 둥근 모양이다.	모낭이 피부 표면으로부터 비스듬히 누워 있으며, 모발 단면 모양은 달걀 모양의 타원형이다.	모낭이 피부 표면으로부터 굽어진 형태로, 모발 단면 모양은 납작한 모양으로 되어있다.

▌속눈썹의 형태에 따른 분류

① 인종별 속눈썹

동양인, 백인, 흑인의 속눈썹을 비교하면 동양인은 굵고 강한 일자형의 직모가 2~3줄로 배열된 경우가 많고, 백인은 주로 C자형과 J자형의 컬이 혼합되어 동양인보다 밀도가 높게 3~4줄로 배열된 경우가 많다. 또한 흑인은 J자형, C자형과 O자형의 강한 컬이 혼합되어 제각각의 방향을 하고 있는 자유형 형태의 축모로 3~4줄로 배열되어 있다.

② 속눈썹의 형태

구 분	설 명	모 양
일자형	일자형의 모양으로 약간 굵은 속눈썹에서 볼 수 있다. 대체로 길이가 짧거나 또는 길면서 처진 경우에 볼 수 있는데 답답한 인상을 줄 수 있다.	
한방향형	한 방향을 갖는 속눈썹 모양으로 일반적으로 눈꼬리를 향해서 약하게 방향성을 갖는다. 눈꼬리가 처져 보일 수 있다.	
부채꼴형	속눈썹의 배열이 3열 이상으로 가장 자연스럽고 풍성해 보이는 속눈썹 모양이다.	
자유형	지그재그형식의 모양으로 방향성을 갖지 않고 있다.	

③ 속눈썹의 길이

구 분	설 명	모 양
긴 형	12mm 이상의 긴 속눈썹으로 눈이 크거나 쌍꺼풀이 있는 눈에서 주로 나타난다. 미적인 측면에서 볼 때 가장 아름다운 속눈썹이다.	
중간 길이형	8~10mm의 속눈썹 길이를 말하는 것으로 눈은 크지만 쌍꺼풀이 없는 눈에서 주로 볼 수 있다.	
짧은 길이형	6~7mm 이하의 속눈썹 길이를 말하는 것으로 폭이 작은 눈에서 주로 볼 수 있다.	

④ 속눈썹 컬의 형태

구 분	설 명	모 양
일반형	J자형이라 불리는 컬로 일반적으로 가장 많이 볼 수 있는 형태이다.	
일자형	앞으로 쭉 뻗은 형태로 처짐이 보이지 않는다.	
올라간형	C자형 컬의 형태로 가장 많이 선호하는 형태이다.	
처진형	속눈썹이 아래로 처져 눈을 가린 형태에서 주로 나타난다.	

8 속눈썹과 모발성장에 영향을 미치는 요인

영양적인 요인

모(毛)의 성장에 관여하는 식품으로는 단백질의 공급원이 되는 우유, 계란, 치즈, 생선 육류 등이 있다. 모(毛)의 주성분이 단백질이므로 충분한 단백질의 섭취는 모(毛)의 성장을 촉진시킨다. 하지만 모(毛)의 건강과 성장을 촉진시키기 위해서는 단백질뿐만 아니라 비타민이나 미네랄(철, 아연)도 충분히 섭취되어야 한다. 또한 미역, 다시마 등의 해조류도 모발 영양에 관여하는데 해조류에는 철(Fe), 요오드(I), 칼슘(Ca)이 함유되어 있어 두피의 신진대사를 항진시키는 것으로 알려져 있다. 특히 요오드(I)는 갑상선 호르몬의 분비를 촉진시켜 모(毛)의 성장을 도와주고 있다.

① 비타민이 모(毛)에 미치는 영향

분 류	작 용	권장 식품
비타민 A	비타민A가 부족하면 피부가 건조해지고 모공이 위축되며 모공각화증이 발생하여 탈모가 촉진된다.	장어, 당근, 달걀노른자, 우유, 소간, 돼지간, 시금치, 호박, 버터, 마가린
비타민 B	비타민B가 부족하면 피부, 모(毛)의 신진대사가 원활하지 못하다.	돼지고기, 콩류, 참깨, 현미, 마늘, 소간, 돼지간
비타민 C	비타민C는 스트레스를 예방하고 백모현상을 억제한다.	딸기, 레몬, 토마토, 피망, 녹황색채소
비타민 D	모(毛)의 재생에 효과가 있으며 두피의 혈액순환을 도와 모(毛)에 윤기를 준다.	소간, 돼지간, 닭긴, 버터, 달걀노른자, 표고버섯
비타민 E	비타민E는 간접적으로 모(毛)의 성장에 관여한다.	땅콩, 치즈, 시금치, 참깨, 당근, 간
비타민 F	Linol Acid, Linoren Acid 등의 지방산으로 식물성 기름에 함유되어 있어 모(毛)에 광택을 준다.	식용유, 참깨, 들깨, 견과류

② 무기질이 모(毛)에 미치는 영향

분 류	작 용	권장 식품
요오드(I)	신진대사가 원활할 수 있도록 하여 모(毛)의 성장을 돕는다. 갑상선 기능 유지에 따라 탈모에 관여한다.	해조류, 어패류, 달걀노른자, 쇠고기, 우유, 당근, 감
철(Fe)	혈액을 따라 모발에 공급되는 영양분의 양에 따라 탈모에 관여하며, 멜라닌 색소 세포에 있는 진성멜라닌 형성에 관여한다.	해조류, 어패류, 달걀노른자, 쇠고기, 우유, 당근, 감
칼슘(Ca)	두피의 신진대사를 촉진시켜 모(毛)의 성장에 도움을 주며, 부족 시 탈모를 유발한다.	해조류, 어패류, 달걀노른자, 쇠고기, 우유, 당근, 감
아연(An)	새치(흰 머리카락)를 예방하고 모(毛)의 생성을 돕는다.	간, 콩류, 시금치, 낙화생
실리카(Si)	모(毛)단백질인 케라틴을 강화시키며, 모(毛)의 소실을 방지하고 성장을 자극한다.	오이, 미역과 같은 해조류, 어패류, 달걀노른자, 쇠고기, 우유
셀레늄(Se)	멜라닌 합성을 보조한다. 셀레늄 과잉 시에는 탈모가 발생하며, 결핍 시에는 저색소증과 모발이 가늘어질 수 있다.	우유, 계란, 닭고기, 버섯, 어패류, 도정되지 않은 곡물, 브로컬리 등
구리(Cu)	구리가 결핍되면 저색소증이 나타나며, 모(毛)가 잘 꼬이고 부스러지게 된다.	견과류, 버섯, 콩과류, 씨앗, 통곡류, 굴, 게, 동물의 간

▌유전적인 요인

모(毛)에 작용하는 유전적인 영향으로는 모(毛)의 색의 연하고 진한 정도와 곱슬의 정도, 이마의 헤어라인 형태, 모(毛)의 밀도 등이 결정된다.

▌호르몬에 의한 요인

호르몬이 적은 양이라도 결핍되거나 과다하면 신체에 이상을 일으키게 된다. 모(毛)의 성장에 관여하는 호르몬에는 뇌하수체 호르몬, 갑상선 호르몬, 성호르몬, 부신피질호르몬 등이 있다.

▌연 령

모(毛)의 성장은 10대에서 20대 전후에 가장 왕성하게 성장하며, 50대가 지나면 성장속도가 점차 느려지고 모(毛)의 밀도 역시 감소되는 것을 볼 수 있다. 사춘기 때의 음모 발생과 남성 탈모현상 등은 연령과 연관이 있다.

▌물리적인 요인

모(毛)를 심하게 잡아당겨서 발생하는 견인성 탈모는 새로운 모낭이 생성되기까지 보통 4~6주 정도의 시간이 소요되며, 인위적인 탈모에 의해 모근이 파괴되어 그 자리에 모(毛)가 자라지 못하는 것을 발견할 수 있다.

속눈썹 연장술의 종류

- **속눈썹 연장(延長)**
  속눈썹 연장이라는 용어의 의미는 여러 가지로 사용된다. 언어적인 표현 그 자체로는 속눈썹 길이의 연장을 의미하나 경우에 따라서는 속눈썹 수의 증가도 의미하고 있다.

- **속눈썹 증모(增毛)**
  증모(增毛)의 단어는 더할 증(增)에 털 모(毛)의 합성어로 털을 '더하다, 많아지다, 늘리다, 겹치다'의 의미로 활용될 수 있는데, 증(增)이라는 한자는 숫자를 늘린다는 의미로 활용되므로, 증모란 털의 수가 늘어난다는 것을 의미한다.

- **속눈썹 신모(伸毛)**
  길이를 늘이는 것을 말할 때에는 펼 신(伸)자를 쓴다. 그러나 신모술이라 하면 털을 잡아당겨서 늘린다는 의미가 된다. 따라서 진모 위에 가모를 연장하는 기술법과는 같은 용어라 하기 어렵다.

- **반영구 속눈썹**
  반영구 속눈썹이란 용어는 연장술 보급 초기에 속눈썹 연장이 절대 떨어지지 않고 계속 붙어 있다고 홍보하면서 불리게 된 이름이다. 하지만 실제로는 1~2달이 지나면 가모가 탈락하기 때문에 오해의 소지가 있어서 최근에는 사용을 자제하고 있다.

- **속눈썹 이식술**
  속눈썹 이식은 성형외과적인 시술로 미용전문가가 할 수 있는 시술이 아니다. 속눈썹 이식은 속눈썹이 짙고 길어보이게 하기 위한 목적으로 소개되어 있으나, 실제로는 미용적으로나 기능적으로 심각한 결함이 있거나 눈썹 결손이 많은 경우에 한해서 이식을 한다. 속눈썹 이식 시 보통 한쪽에 20~40개 정도를 심으며, 머리카락을 이식하기 때문에 자라는 부분을 주기적으로 잘라주어야 한다. 또한 정상 눈썹보다 약간 굵은 눈썹이 자라고 이식된 눈썹이 약간 처지는 경향이 있으므로, 속눈썹 펌 등의 지속적인 관리가 필요하다.

02 속눈썹과 눈의 이해

 ## 눈(시각)의 정의

눈은 태아 때 뇌의 일부분이 떨어져 나와 만들어진 것으로, 어느 감각기관보다도 사고와 감정을 담당하는 뇌와 가까이 있다. 눈은 여러 단계의 구조를 통해 정확한 시각 정보를 뇌에 전달한다. 어떤 물체가 있을 때 시선이 정확히 물체에 맞도록 바깥눈 근육이 작용하여 안구가 움직여야 하며, 적당한 빛을 받아들일 수 있도록 동공의 수축과 확대가 적절히 이루어져야 한다. 이러한 동공의 수축과 확대는 홍채, 모양체의 작용에 의해 이루어진다. 눈확 및 눈알의 외막, 눈꺼풀은 외부로부터 눈알을 보호하는 역할을 하며, 눈물의 생성과 배출을 통해 눈알 표면에 적당한 눈물이 덮여 있게 함으로써 각막의 표면을 매끄럽고 균일하게 유지하게 하는 역할을 한다.

 ## 하위기관

눈은 크게 안구(눈알)와 눈 부속기관으로 나눈다. 안구는 외막, 중막, 내막, 안 내용물로 나뉘며, 눈 부속기관은 눈확(안와), 결막, 눈꺼풀, 눈물기관, 바깥눈 근육(외안근) 등으로 이루어져 있다.

▌안 구
① 외막 : 무혈관성 섬유층으로 안구의 가장 바깥을 차지한다. 각막과 공막으로 이루어진다.
② 중막 : 혈관성 조직으로 많은 색소를 포함하며 포도막이라고도 한다. 홍채, 모양체, 맥락막으로 구성되며 망막에 영양을 공급한다.
③ 내막 : 맥락막 내면을 덮고 있는 신경조직인 망막으로 구성된다.
④ 안 내용물 : 수정체, 유리체, 방수로 이루어져 있다.

▌눈 부속기관
① 눈확(안와) : 눈알을 담고 있는 공간으로 외벽인 눈확뼈(안와골)와 눈확 내용물(안와 내용물)로 구성된다.
② 결막 : 눈꺼풀 뒤쪽과 눈알의 앞쪽 공막을 덮고 있는 얇고 투명한 막이다.
③ 눈꺼풀 : 눈알을 보호하고 눈물을 분포시키는 역할을 하며, 눈으로 들어오는 광선의 양을 조절한다.

④ 눈물기관 : 눈물기관은 눈물을 분비하는 눈물샘과 배출하는 눈물배출계로 나뉜다.
⑤ 바깥눈 근육(외안근) : 눈확 내에 6개의 바깥눈 근육(4개의 곧은근과 2개의 빗근)이 있으며, 안구를 움직이는 역할을 한다.

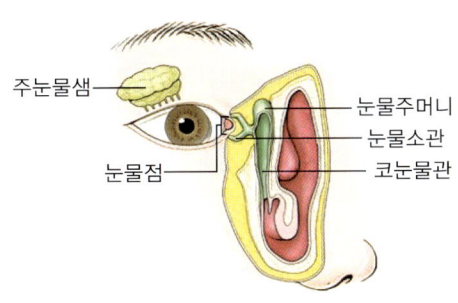

[눈물샘과 눈물배출기관]

 눈의 구조와 기능

각 막
빛이 제일 먼저 통과하는 막으로 빛을 약간 굴절시켜서 점을 맞추는 데 도움을 준다.

동 공
빛이 들어오는 길로, 주위가 밝으면 작아지고 어두우면 커져서 눈 안에 들어오는 빛의 양을 적당하게 유지한다.

수정체
볼록렌즈 모양의 투명한 조직이다. 탄력성이 있어 가까운 곳을 볼 때는 두꺼워지고, 먼 곳을 볼 때는 얇아진다.

홍 채
수정체 앞에 있는 고리 모양의 막으로 동공의 크기를 조절하여 망막에 비치는 빛의 양을 일정하게 유지한다.

유리체
투명하고 젤리 같은 조직으로 안구의 형태를 유지하고 빛을 통과시킨다.

망막
얇고 투명한 막으로 빛을 감지하는 시각세포가 넓게 퍼져 있다.

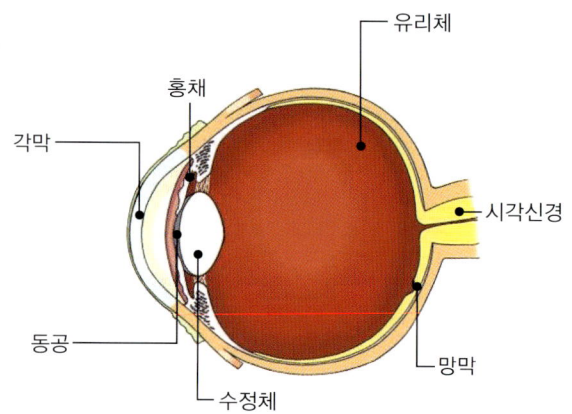

 눈의 질환

결막염
흰자위와 눈꺼풀의 안쪽을 덮는 결막의 염증

- 생활습관 : 콘택트렌즈를 착용, 화장품이나 잘못 시술된 속눈썹 연장, 안약을 쓰는 것이 위험요인
- 유전 : 종류에 따라 위험요인이 다름
- 연령·성별 : 주요 위험요인 아님

결막염은 흔하게 발생하는 질환으로 결막염에 걸린 눈은 충혈되어 아프고 심상치 않게 보이지만 심각한 경우는 드물다. 어떤 경우에는 한쪽 눈에서 생겨 반대편으로 옮겨가기도 한다.

결막하 출혈
흰자위와 결막 사이의 출혈

- 연령·성별·유전·생활습관 : 원인에 따라 위험요인이 다름

결막에 있는 혈관이 터지면 눈의 흰자위와 눈꺼풀을 덮고 있는 막 아래로 출혈이 일어난다. 결막의 혈관은 손상을 받기 쉽기 때문에 결막하 출혈은 흔하게 발생하며, 출혈로 흰자위에 붉은 부분이 생긴다. 이런 일은 경미한 눈의 손상이나 재채기, 기침, 드물게는 출혈 이상 시에도 나타나며 특히 노인에게서 가장 흔하게 발생한다. 출혈은 심각하게 보이지만 보통 통증이 없고 치료하지 않아도 2~3주 내에 저절로 없어지는 경우가 많다. 하지만 눈이 아프고 충혈이 계속되면 진료를 받아야 한다.

각막의 찰과상

각막 표면이 긁히는 것

- 생활습관 : 콘택트렌즈의 착용이나 잘못 시술된 속눈썹 연장이 위험요인
- 연령 · 성별 · 유전 : 주요 위험요인 아님

눈 앞쪽에 있는 각막은 경미한 자극에도 손상될 수 있다. 예를 들어, 신문지의 가장자리나 작은 티끌에 의해서도 각막 찰과상이 일어날 수 있다. 콘택트렌즈를 착용하고 눈을 심하게 비비면 렌즈 뒤에 붙은 작은 티끌들이 각막을 긁을 수 있기 때문에 주의해야 한다.

각막궤양

눈의 앞쪽 부위인 투명한 각막의 깊은 부식

- 생활습관 : 콘택트렌즈의 착용이나 잘못 시술된 속눈썹 연장이 위험요인
- 연령 · 성별 · 유전 : 주요 위험요인 아님

각막이 부식된 부위를 각막 궤양이라고 한다. 이 궤양은 통증이 아주 심하고 치료를 하지 않으면 흉터가 되어 시각의 이상을 초래하며 실명할 수도 있다. 콘택트렌즈를 착용하는 사람들이 각막 궤양의 위험이 높다.

전방 출혈

투명한 각막 뒤에 있는 전방에 피가 차는 것

- 생활습관 : 눈을 맞을 수 있는 운동을 하는 것이 위험요인
- 연령 · 성별 · 유전 : 주요 위험요인 아님

눈이 가격을 당하면 홍채나 섬모체의 혈관이 터질 수 있다. 혈관이 손상을 입으면 수정체와 각막 사이의 공간으로 출혈이 되는데 이를 전방 출혈이라고 한다. 처음에는 피가 각막 뒤의 맑은 액체와 섞여서 시야가 매우 흐려지지만 수 시간 내에 혈구 세포가 가라앉으면 시야는 정상이 된다.

눈에 손상을 입으면 신속히 응급조치를 해야 한다. 시야가 흐려지면 즉시 진료를 받아야 한다. 전방 출혈의 피는 보통 일주일 내로 사라지며, 안정을 취하면 더 이상의 출혈은 일어나지 않는다. 출혈이 다시 일어나면 눈 안의 압력이 올라가서 녹내장이 될 수 있는데, 이때는 즉시 치료를 받아야 한다.

트라코마

지속적인 눈의 감염으로 각막에 손상을 줌

- 연령 : 어린이에게 특히 흔함
- 생활습관 : 위생상태가 나쁜 환경 즉, 오염된 세면대나 수건, 소독되지 아니한 속눈썹 연장도구 등이 위험요인
- 성별·유전 : 주요 위험요인 아님

트라코마는 감염 질환의 하나로 심각하며 지속적인 질환이다. 이로 인해 종종 각막에 영구적인 흉터가 남기도 한다. 선진국에서는 드물지만 세계적으로 주요한 실명의 원인 중 하나이다. 4억 명 정도가 걸리고 이 중 6백만 명 정도가 실명한다.

트라코마는 클라미디아균의 일종인 균의 감염에 의해 생기는데, 오염된 손이나 파리를 통해 전염된다. 트라코마는 후진국에서 발병 빈도가 높다. 특히 덥고 건조하며 비위생적이고 물이 귀한 곳에서 잘 생긴다. 인구 과밀 지역에서는 전염이 더 잘 된다. 위험 지역에서는 손과 얼굴을 자주 씻고, 더러운 손으로 눈을 만지지 않는다.

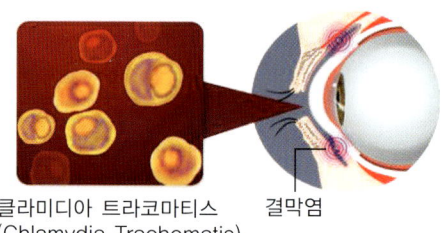

클라미디아 트라코마티스　　결막염
(Chlamydia Trachomatis)

원추각막염

각막 모양의 진행성 변화로 시야가 흐려짐

- 연령 : 보통 사춘기에 발생
- 성별 : 여성에게 더 많음
- 유전 : 가끔 가족력이 있음
- 생활습관 : 주요 위험요인 아님

각막의 중앙 부위가 비정상적으로 자라서 원뿔 모양이 되고 얇아진 것을 원추각막이라 한다. 가끔 유전성으로 발생하는 드문 질환으로, 여성에게 많고 보통 사춘기에 생긴다. 한쪽 또는 양쪽 눈에 모두 생길 수 있다. 각막의 모양이 변하면서 시야가 흐려지고 근시가 생긴다(근시). 어떤 경우에는 각막의 뒤틀림이 진행되어 증상이 빠르게 나빠진다.

> **원추각막의 영향**
> 정상 각막은 고르고 구형이다. 원추각막에서는 각막이 비정상적으로 자라서 얇아지고 앞으로 튀어나와 원뿔형이 된다.

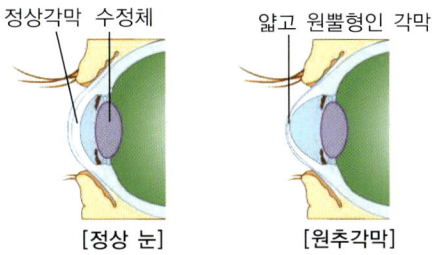

[정상 눈] [원추각막]

백내장

수정체가 흐려져 시력을 잃게 됨

> - 연령 : 75세 이후에 흔하지만 어느 연령에나 생길 수 있음
> - 유전 : 가끔 비정상 염색체에 의해 생김
> - 생활습관 : 접촉이 많은 운동과 햇빛에 자주 노출되는 것이 위험요인
> - 성별 : 주요 위험요인 아님

백내장은 수정체 내 단백질 섬유의 변화에 의해 본래 투명한 수정체가 흐려지는 것으로 빛의 통과와 초점 조절에 영향이 생긴다. 백내장이 태어날 때부터 있으면 장님이 될 수 있다(선천성 실명). 그러나 보통 어린이나 청소년에게서는 드물고 75세 이상의 노인 대부분은 약간의 백내장이 있지만 수정체의 바깥쪽 가장자리에만 생겨 별다른 시력 감퇴는 일어나지 않는다.

백내장은 보통 양쪽 눈에 다 생기지만 일반적으로 한쪽 눈이 더 심하다. 수정체의 중앙이나 전체에 백내장이 생기면 시력을 잃을 수 있지만, 이 경우에도 빛과 그림자는 인식한다.

포도막염

눈 안의 일련의 연결된 구조물인 포도막의 염증

> - 연령 · 성별 · 유전 · 생활습관 : 원인에 따라 위험 인자가 다름

포도막은 몇 개의 연결된 구조물로 되어 있다. 홍채, 섬모체, 맥락막(망막을 받쳐주는 조직층), 포도막 중 어느 곳이든 염증이 생기면 포도막염이라고 한다. 홍채나 섬모체에 생기는 염증을 앞 포도막염 또는 홍채염이라 하고, 맥락막에 생기는 염증을 뒤 포도막염이라 한다.

녹내장

눈 안의 방수가 제대로 배수되지 않아 생기는 비정상적으로 높은 눈의 압력

- 연령 : 40세 이하에서는 드물고, 60세 이상에 많음
- 유전 : 가족력을 보이는 유형도 있음
- 성별 · 생활습관 : 주요 위험요인 아님

눈의 조직에 영양을 공급하고 그 모양을 유지하기 위해 끊임없이 방수가 눈 안과 밖으로 움직인다. 녹내장은 방수가 밖으로 나가는 것이 막혀서 눈 안의 압력이 올라가는 것으로, 이 높은 압력으로 인해 망막의 신경세포와 시신경이 영구적 손상을 입게 된다. 녹내장은 나이가 들면서 많아지고 60세 이상에서 특히 많다. 치료하지 않으면 실명할 수 있다.

부유물

눈의 앞쪽에서 떠다니는 어두운 반점

- 연령 · 성별 · 유전 · 생활습관 : 주요 위험요인 아님

시야에 작은 반점들, 즉 부유물이 떠다니는 경우는 흔하다. 부유물은 눈 앞쪽에 있는 것처럼 보이지만, 실제는 눈의 뒤쪽을 채우고 있는 유리체액 속에 있는 조직 조각으로 망막에 그림자를 드리운다. 눈의 움직임에 따라 빨리 움직이기도 하지만, 눈이 움직이지 않을 때는 천천히 떠다닌다.

부유물이 생기는 원인은 잘 알려져 있지 않다. 시력에는 거의 영향을 주지 않지만 부유물이 갑자기 많아지거나 시야를 방해하면 심각한 눈의 질환이 발병했음을 뜻하므로 즉시 진료를 받도록 한다. 결합된 하부 조직에서 망막이 떨어지거나(망막 박리) 유리체액으로 출혈(유리체 출혈)이 되는 경우일 수 있다.

망막 박리

망막이 눈 뒤쪽의 받쳐주는 조직으로부터 분리되는 것

- 연령 : 50세 이후에 흔함
- 유전 : 가끔 가족력을 보임
- 생활습관 : 눈을 가격할 수 있는 스포츠에 참여하는 것이 위험요인
- 성별 : 주요 위험요인 아님

망막은 눈 밑의 조직에 붙어 있는 것이 정상인데, 이 망막이 붙어있던 조직으로부터 떨어져 나가는 것을 망막박리라 한다. 보통 한쪽 눈에만 생기지만 빨리 치료하지 않으면 부분적으로 또는 완전히 실명하게 된다.

망막박리는 보통 망막의 작은 열공에서 시작된다. 망막에 작은 열공이 있으면 유리체액이 그 구멍으로 들어가 망막을 박리시킨다. 열공은 심한 근시나 눈의 손상, 그리고 유리체 출혈 후 남은 흉터에 의해 생기기도 한다. 가끔 가족력을 보이며, 통증은 없지만 시력 이상을 가져온다. 박리된 부위가 크면 흐릿한 원이나 검은 부위가 시야에 보인다. 이런 증상이 나타나면 즉시 진료를 받아야 한다.

황반변성

망막의 중심부 가까이에 있는 상세한 시각을 담당하는 황반의 진행성 손상

- 연령 : 특히 70세 이후에 나이가 들면서 많아짐
- 성별 : 여성에게 많음
- 유전 : 가끔 가족력을 보임
- 생활습관 : 흡연과 햇빛에 많이 노출되는 것이 위험요인

망막에서 가장 민감한 부위인 황반이 서서히 변성되는 것을 황반변성이라고 한다. 이 병에 걸리면 중심 시력과 상세 시력을 서서히 잃는다. 환자는 글을 잃지 못하거나 얼굴을 알아보지 못하게 된다. 그러나 가장자리의 시력(주변 시력)은 영향을 받지 않아 안전하게 움직일 수 있다.

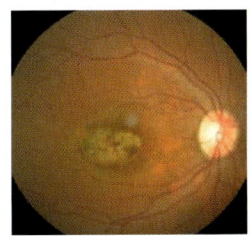

시신경염

망막에서 뇌로 신호를 전달하는 시신경의 염증

- 연령 : 성년 초기에 주로 생김
- 성별 : 여성에게서 3배 많이 발생
- 유전 : 가끔 가족력을 보임
- 생활습관 : 주요 위험요인 아님

시신경염이 발생하면 시신경의 염증으로 인해 통증이 오고 시야가 흐려진다. 보통 한쪽 눈에만 생긴다. 시신경염은 보통 시신경을 싸고 있는 신경초의 변성으로 생긴다. 이를 탈수초라고 하는데, 원인은 다발성 경화증을 포함하여 다양하다. 시신경염은 납이나 메탄올 같은 화학물질에 중독되거나 수두와 같은 바이러스 감염으로도 생기며, 특별한 원인이 없어도 올 수 있다. 10대 후반이나 20대의 여성에게 가장 많이 발생한다.

눈의 손상

눈 구조물의 물리적 손상

- 생활습관 : 일부 직업과 운동이 위험요인
- 연령·성별·유전 : 주요 위험요인 아님

눈은 안와 안에 위치함으로써, 또 안검반사를 통해 손상으로부터 보호된다. 그러나 눈은 쉽게 손상되며 이를 즉시 치료하지 않으면 시력을 잃는 경우도 있다.

가장 흔한 손상은 눈에 이물질이 들어가서 각막이 긁히는 것이다(각막의 찰과상). 감염이 생겨서 문제가 되는 경우 외에는 이러한 경미한 손상이 영구적인 시력의 손실을 가져오는 경우는 드물다. 그러나 금속 파편과 같은 작고 빠르게 움직이는 물체가 눈을 찌르는 관통상을 입으면 완전히 실명하기도 한다. 주먹이나 공에 얻어맞은 것과 같은 둔상에 의해서도 시력을 잃을 수 있다. 부식성 물질이나 직사광선에 의해서도 손상을 입는다. 위험한 기계나 화학물질을 다룰 때나 운동을 할 때 보안경을 착용하면 대부분 눈의 손상을 막을 수 있다. 선글라스를 끼고 있을 때라도 해를 바로 쳐다보아서는 안 된다.

눈꺼풀과 눈물기관 이상

눈꺼풀과 눈물은 둘 다 눈을 보호하는 역할을 한다. 눈꺼풀은 이물질이 눈으로 들어가지 못하도록 차단막 역할을 하며, 눈물은 눈의 표면을 적셔주고 감염을 예방하는 데 도움을 준다. 눈꺼풀과 눈물 기관의 이상은 눈의 손상을 초래할 수 있으므로 전문가의 진료를 받아 치료해야 한다.

위·아래 눈꺼풀은 눈의 보호에 중요한 역할을 한다. 어떤 물체가 눈이나 얼굴로 빠르게 날아오면 눈꺼풀은 반사작용으로 거의 동시에 닫힌다. 또한 각 눈꺼풀에는 두세 줄의 속눈썹이 있어 작은 티끌이 눈으로 들어가는 것을 막아준다. 눈물도 눈의 보호에 주요한 역할을 한다. 눈물은 노출된 눈 표면을 부드럽게 하는 윤활유 역할을 함과 동시에 유해한 먼지나 화학 물질을 씻어내 준다. 인체의 눈물에는 감염을 막아주는 자연의 항생물질이 들어있다.

눈꺼풀 이상에는 눈꺼풀의 감염과 눈꺼풀의 모양이 변하는 질환이 있으며 눈물기관의 이상으로는 눈물 배수의 장애와 눈물 생산의 이상 등이 있다.

다래끼(맥립종)

세균 감염으로 속눈썹의 뿌리에 농이 차서 부어오르며 통증을 동반함

- 연령 : 어린이에 많지만 다른 연령대에도 생김
- 생활습관 : 눈 주변을 청결하지 않은 손으로 자주 만지거나 오염된 속눈썹 연장도구, 눈화장을 하는 것이 위험 요인
- 성별·유전 : 주요 위험요인 아님

세균 감염으로 속눈썹의 뿌리에 농이 차서 부어오르는 것을 다래끼라고 한다. 대부분의 다래끼는 보통 사람의 피부에 있는 포도구균에 의해 생긴다. 어른은 어린이보다 다래끼가 잘 생기지 않지만 눈화장을 하거나 청결하지 않은 손으로 만지면 위험이 높아진다.

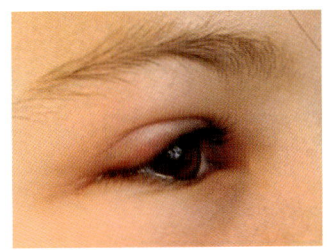

안검염

위, 아래 또는 양쪽 눈꺼풀 가장자리의 염증

- 연령, 성별, 유전, 생활습관 : 주요 위험요인 아님

피부질환인 지루성 피부염과 관련되어 생긴다. 또한 안검염은 세균 감염이나 화장품 알레르기에 의해서도 발생한다. 안검염이 있으면 눈꺼풀이 붓고 붉게 되고 가렵다. 눈꺼풀의 가장자리에 부드럽고 번들번들한 인설이 덮여, 이것이 마르면서 딱지를 만들고 속눈썹이 서로 붙는다. 어떤 경우에는 속눈썹의 뿌리에 감염이 되어 작은 궤양이나 다래끼가 생긴다.

산립종

눈꺼풀이 붓는데 통증이 없을 수도 있음

- 연령·성별·유전·생활습관 : 주요 위험요인 아님

눈꺼풀의 기름을 분비하는 분비선이 막히면 팽창하여 붓게 되는데 이를 산립종이라고 한다. 산립종은 처음에는 다래끼 같이 보이지만 다래끼와 달리 눈꺼풀 가장자리에 생기지 않는다. 보통 산립종에 의한 통증과 눈 충혈은 수일 내로 없어진다. 그러나 많이 부으면 오랫동안 불편하고 눈의 앞쪽이 압박되어 불편감이 지속된다.

안검하수

한쪽이나 양쪽의 위 눈꺼풀이 비정상적으로 처지는 것

- 연령 · 성별 · 유전 · 생활습관 : 원인에 따라 위험요인이 다름

위 눈꺼풀을 올리는 근육이 약해져서 눈꺼풀이 처지는 것을 안검하수라고 한다. 근육이나 눈꺼풀을 조절하는 신경의 이상이 원인이다. 선천적으로 타고나는 경우도 있다. 이 경우 아기의 눈꺼풀이 처져서 눈동자를 가리면 시력이 정상적으로 발달하지 않을 수 있으므로(약시) 조기 치료가 필수적이다. 어른의 경우는 노화 과정의 일부이거나 근육의 진행성 약화를 초래하는 중증 근무력증의 증상으로 올 수 있다. 안검하수가 갑자기 생기면 뇌종양이나 뇌 속에 이상이 있는 혈관이 있는지 등 심각한 원인 질환이 있는지 검사를 해보아야 한다.

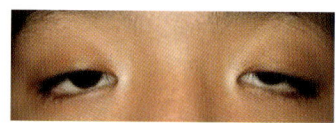

안검 내반

눈꺼풀의 가장자리가 안으로 휘는 것

- 연령 : 노인에게 더 많음
- 성별 · 유전 · 생활습관 : 주요 위험요인 아님

안검내반에서는 눈꺼풀이 안으로 말려 들어가 속눈썹이 각막과 결막에 자극을 주게 된다. 전형적인 증상은 눈의 통증과 자극, 눈물 등이다. 치료하지 않으면 각막이 손상되어(각막 궤양) 시력 손실이 온다. 선진국에서는 주로 나이가 들면서 생기는 자연적인 눈꺼풀 주위 근육의 약화로 노인들에서 안검내반이 생긴다. 개발도상국에서는 눈꺼풀의 안쪽에 흉터를 남기는 눈의 감염인 트라코마의 유행 후에 많이 생긴다. 결국 이 조직이 수축하여 눈꺼풀이 안으로 말린다.

안검 외반

아래 눈꺼풀의 가장자리가 바깥으로 휘는 것

- 연령 : 노인에게 많음
- 성별 · 유전 · 생활습관 : 주요 위험요인 아님

아래 눈꺼풀의 가장자리가 밖으로 말려져 눈꺼풀이 눈에서 멀어지면 노출된 안쪽 면이 건조해져 아프다. 이를 안검외반이라고 한다. 안검외반에서는 눈물이 코눈물 관으로 들어가지 못하게 하여 눈물이 계속 흐르게 된다. 또한 눈꺼풀이 완전히 닫히지 못하기 때문에 각막이 계속

노출되어 손상 받거나(각막의 찰과상) 반복적으로 감염된다. 나이가 들면 아래 눈꺼풀이 약해지기 때문에 노인에게서 많이 생긴다. 보통 양쪽 눈에 같이 생긴다. 안검외반은 또 눈꺼풀이나 볼의 흉터의 수축이나 눈 주위 근육의 마비가 오는 얼굴 마비에 의해서도 생긴다. 이 경우에는 보통 한쪽 눈에만 생긴다.

유 루

눈물의 과생산이나 배수 장애로 눈물이 넘침

- 연령 : 아기와 노인에게 많음
- 성별·유전·생활습관 : 주요 위험요인 아님

유루 증상은 보통 먼지와 같은 이 물질에 의해 눈이 자극될 때 생긴다. 노인의 경우 속눈썹이 각막을 문지르는 안검내반이나 눈물배수의 장애를 가져오는 안검외반에 의해 유루증이 생긴다. 자극 물질이 제거되거나 원인 질환이 치료되면 사라진다. 유루는 눈의 감염이나 부비동 감염으로 코눈물관이 막혔을 때도 생길 수 있다. 아기는 코눈물관이 덜 발달되어 유루가 생긴다. 눈의 구석에서 코 사이를 부드럽게 만져주는 것이 도움이 된다. 6개월까지는 보통 저절로 좋아진다. 계속 막혀 있으면 언제든지 치료해야 한다. 이때는 관 속에 가는 탐침을 넣어서 씻어낸다.

눈물주머니 염증

눈의 표면에서 눈물이 배수되는 눈물주머니가 통증을 동반하여 붓는 것

- 연령 : 아기와 노인에게 많이 나타남
- 성별·유전·생활습관 : 주요 위험요인 아님

정상적으로 눈물은 코 양쪽의 눈물주머니로 배수되는데, 이 눈물주머니의 감염을 눈물주머니 염증이라고 한다. 눈물주머니에서 코로 눈물을 운반하는 코눈물관이 세균 감염으로 막혀서 생기는 경우가 가장 흔하다. 영아는 1살이 될 때까지 코눈물관이 완전히 발달하지 않기 때문에 잘 막힌다. 손상이나 염증에 의해 생길 수 있지만 성인의 경우, 특별한 원인 없이 코눈물관이 막힐 수 있다. 이 염증은 처음에는 눈이 붉어지고 눈물이 많이 나면서, 눈 아래의 코 옆쪽이 아프고 붉어지고 붓는다. 농이 눈으로 배출된다. 한 번에 한쪽에만 생기나 재발할 수 있다.

▌건성 각결막염

눈물이 충분히 생산되지 않아 생기는 지속적인 눈의 건조상태, 건안

- 연령 : 35세 이후에 더 많음
- 성별 : 여성에게 더 많음
- 유전·생활습관 : 주요 위험요인 아님

눈물이 충분히 생산되지 않아 생기는 건성 각결막염은 눈물샘의 손상이 원인이다. 눈물이 부족하면 눈이 자극을 잘 받고 감염(결막염)이 잘된다. 속눈썹 연장 시술 시 인증되지 않은 글루를 사용할 때도 나타나며 심한 경우에는 각막궤양이 생긴다. 건성안은 여성에 더 많고 35세 이후에 많아진다. 이는 쇼그렌 증후군과 같은 자가면역 질환과 관련되어 생기기도 한다. 눈을 적셔주기 위해 인공눈물을 쓴다. 원인 질환이 있는지 검사하여 치료한다. 어떤 경우에는 수술로 눈물이 정상적으로 배수되는 길을 막아 버리기도 한다.

▌안구건조증

비타민 A 섭취 부족으로 생긴 안구 건조증

- 연령 : 어린이에게 더 많이 생기지만 어느 연령에서도 생길 수 있음
- 생활습관 : 비타민 A 섭취 부족
- 성별·유전 : 주요 위험요인 아님

비타민 A의 섭취가 부족하면 안구 건조증이 생긴다(영양 결핍). 치료하지 않으면 만성적인 감염이 될 수 있고 각막이 약해져 구멍이 날 수도 있다. 속눈썹 연장 시 인증되지 않은 글루를 사용할 때도 나타나며 심한 경우에는 각막궤양이 생긴다. 감염이 눈 안까지 퍼져서 시력을 잃을 수 있다. 인공 눈물로 건조증상을 일시적으로 완화시킬 수 있지만, 주된 치료는 다량의 비타민 A를 섭취하도록 하는 것이다.

Special 04 속눈썹 샵의 창업과 취업의 전망

속눈썹 연장·증모술과 취업

속눈썹 연장·증모술을 활용할 수 있는 취업시장은 많이 확대되어 있다. 이미 매장을 운영하고 있는 경영자들은 30대 중반부터 40대 이후의 세대이므로 본인이 직접 시술하지 않는 경우가 많고, 속눈썹은 피부, 네일, 헤어 등과 접목이 가능한 아이템이므로 Eyelash Designer를 필요로 하는 곳은 많다.

구직율과 구인률이 서로 크게 다르지 않으나 현재 대부분의 추세가 샵인샵의 형태를 원하므로 취업이란 의미보다 창업이란 의미가 적당할 수도 있다. 그러나 경험부족이나 실력이 미숙한 경우에는 반드시 취업을 통하여 좀 더 익히고 배우는 과정을 거쳐서 기술적인 노하우를 익힘과 동시에 고객을 상대하는 방법을 익혀야 한다.

속눈썹 과정 교육기관
- 속눈썹 연장은 메이크업 국가자격증으로 페이스메이크업의 한 분야로 자리 잡았다.
- 속눈썹 연장의 기술을 익히고자 하는 사람들은 정식 자격교육을 이수하여야 하며, 창업을 위하여 "메이크업 국가자격증 취득"이 반드시 이루어져야 한다.
- 따라서 속눈썹 연장의 체계적인 기초교육이 중요하며 기술적인 깊이와 숙련과정은 더욱 많은 실무와 트레이닝을 통하여 민간자격 등으로 기술자격증의 검정시험을 이루고 있다.
- 메이크업 자격증(속눈썹 연장 포함)

속눈썹 연장·증모술의 창업

속눈썹 연장샵은 소자본 창업의 형태로 1인 창업이 가능할 뿐만 아니라 다른 아이템과 연계하여 함께 창업이 가능한 업종이기 때문에 많은 미용인들이 속눈썹 연장·증모의 수요 증가와 함께 창업을 하면서 시장규모가 커지기 시작했다. 속눈썹 연장샵은 일반적인 미용창업보다 비용적으로 저렴하게 오픈이 가능하면서도 높은 부가가치를 형성하는 빅아이템이기 때문에 현재 성업 중인 매장들이 늘어났고, 샵인샵 구조부터 개인샵 구조까지 다양한 모습으로 창업이 이루어지고 있다.

그러나 실제로 많은 매장들이 오픈을 하고 있는 만큼 민감한 눈의 건강한 시술을 위하여 완벽한 시술력을 바탕으로 창업을 해야만 고객으로부터 기술을 인정받고 자리를 잡아 성공할 수 있다. 또한 기술력뿐만 아니라 여러 매장을 다니는 고객을 나만의 고객으로 만들 수 있는 노하우도 필요하다.

최근 우리 사회는 소셜커머스라고 하여 다 같이 공동구매하는 형태의 산업이 발전하게 되었다. 그로 인해 고객들은 다양한 정보를 접할 수 있으며 비교검색을 일상화하고 있다. 고객을 사로잡는 맞춤 키워드를 찾아라! 고객을 위한 키워드 생성이 창업 후 자리를 잡을 수 있는 방법이다.

> **속눈썹 매장 창업하기**
> - 투자형태 : 소자본 투자형태
> - 투자금액 : 일반적으로 2천~5천만 원(보증금과 지역에 따라 차이 존재)
> - 매장평형 : 10~30평
> - 인테리어 수준 : 지나치게 고급스러운 느낌보다 깔끔한 스타일 선호
>   (최근 인테리어는 개인 룸을 선호)
> - 1인 창업이나 창업주와 디자이너의 1인 형태
> - 홍보 : 오프라인·온라인을 활용

혼자서 브랜드의 이미지를 만들어가기 어려울 때에는 전문 체인점의 공동브랜드를 사용하여 창업을 하는 것도 보다 안정적으로 창업을 하는 하나의 방법이다. 또한 샵 안에 또 다른 샵을 가지고 있는 멀티샵의 분위기로 공동영업을 하는 것도 또 하나의 방법이 된다. 예전에는 샵인샵이 같은 계열의 미용업종에서만 이루어졌다면, 최근에는 패션이나 커피숍 등과 같이 전혀 다른 분야와 함께 하는 경우도 증가하고 있다. 그 만큼 창업의 형태도 다양해지고 미용인들 또한 미용이 아닌 다른 분야에 대하여 관심이 높아지면서 새로운 창업구도가 만들어지고 있는 것이다.

속눈썹 매장의 상권

상권이란 상업적으로 장사가 잘될 수 있는 곳을 의미한다.

> **속눈썹 연장샵의 상권분석**
> - 고객 Target 선정
> - 유동인구의 흐름파악(평일 유동인구, 주말 유동인구, 시간대별 유동인구, 계절에 따른 유동인구)
> - 소비층의 연령대 파악
> - 소비층의 남·여 성별파악
> - 지역적인 소비성향 파악
> - 지역적인 타운형성 파악(도시, 지방, 업무타운, 주거타운, 상가타운, 학교타운, 주택타운)

속눈썹 매장을 오픈하기 위한 상권은 대학가와 유흥가, 주택가가 함께 공존할 때 좋은 상권으로 볼 수 있으며, 주 고객이 어떤 수요층인지를 파악하여 각자의 매장 컨셉에 맞는 상권을 분석하여 결정해야 한다.

마케팅

속눈썹 연장 전문샵 '미인'의 블로그 마케팅 예

샵을 오픈한 후에는 고객을 유치하기 위하여 온라인과 오프라인으로 다양한 마케팅을 시도해야 한다. 온라인으로는 포털사이트의 블로그 마케팅이나 카페, 카카오스토리, 홈페이지를 활용한 마케팅이 가능하며 오프라인으로는 전단지, 지역광고, 소개 등의 방법으로 마케팅을 할 수 있다.

구 분	온라인	오프라인
광고형태	포털사이트	지역광고, 전단, 배너, 입소문
광고비용	비용과열	온라인에 비해 저렴
사업주	20대의 젊은 디지털세대	30대 중반이후
고객형태	20대의 젊은 고객	지역별로 근처 고객
고객충성도	유동적	고정고객
지 역	다양성	사업장 근처의 지역고객

재료준비

창업을 할 때 기술 다음으로 중요한 것이 재료이다. 일반적으로 작은 개인샵에서는 속눈썹가모와 부대재료의 기본적인 재료들만 초기 세팅을 해놓은 상태인 경우가 많으나, 기술적인 마인드가 강한 매장은 스타일별로 초기재료를 세팅하고 있다. 속눈썹 연장·증모술이 다양성을 갖추어가고 있는 시점이기에 창의적인 재료를 활용하고 고급스러운 좋은 재료를 사용하여 다양한 방법으로 시술을 한다면 매장이 더욱 활성화될 수 있을 것이다.

속눈썹 연장·증모의 사업자등록증

창업을 결정한 후에는 사업자등록증을 제출해야 정식 사업자가 될 수 있다. 2016년 9월 26일을 기점으로 속눈썹 연장이 메이크업 국가자격증이 된 이후 사업자등록을 하기 위해서는 메이크업 자격증(속눈썹 연장 포함)을 가지고 면허증으로 교부하여야 한다. 사업자등록은 사업체의 주소지를 관할하는 세무서 혹은 국세청 홈페이지인 "홈텍스"에 접속하여 작성 및 등록할 수 있으며, 기본적으로 임대차 계약서, 업종에 따른 각종 인허가 서류 등 부대서류를 함께 준비해야 한다.

- 사업자등록증의 의미는 국가에 사업을 함을 알리고 납세의무자인 사업자가 국세청 관리대장에 자신을 사업자로 등록하면서 받는 것이다.
- 사업자등록증이 없으면 정식세금세산서를 발행할 수 없으며 카드가맹이 이루어지지 않고 또한 은행에서도 정식 사업자로 인정받을 수 없다.
- 사업자등록증 발급은 관할세무서나 국세청 홈텍스 홈페이지에서 신청하는 것이 같은 것이므로, 홈텍스에서 사업자등록 신청서를 작성하는 것이 더욱 편리하다.

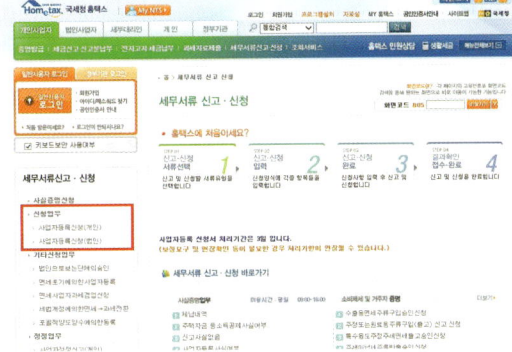

일반사업자(개인사업일반과세자)

*세금계산서 정식발행
*사업경력 인정
*금융권 유리

일반과세자	연간 매출액 4,800만 원 이상
세금계산서	매출세금계산서의 의무발행(폭넓은 사업가능) 매입세금계산서의 세액을 부가세 납부 시 100% 공제

** 종합소득세 세액 = 과세표준 (매출액 − 사업소득 − 소득공제) × 누진세율
** 부가세 세액 = 매출세액(매출액의 10%) − 매입세액(매입액의 10%)

- 세금계산서는 물건 값의 10%인 부가가치세(vat)의 정식영수증
- 사업주는 부가가치세의 10% 세액을 전부 모아서 분기별로 사업에 거래했다고 세무서에 납부

간이사업자(개인사업간이과세자)

*세금계산서 발행불가
*연매출 4,800만 원 미만 − 소매업, 음식업, 숙박업, 고물상, 전기, 수도, 간이제조업, 부동산임대업 등
*간이과세자로 시작해서 연 4,800만 원 이상이면 일반과세로 전환
*금융권 사업경력이 인정 안 됨

간이과세자	연간 매출액 4,800만원 미만
세금계산서	매출세금계산서 발행불가 매입세금계산서의 세액을 부가세 납부 시 5~30%만 공제

** 종합소득세 세액 = 과세표준 (매출액 − 사업소득 − 소득공제) × 누진세율
** 부가세 세액 = (매출액 × 업종별부가가치율 × 10%) − 공제세액(매입세액의 5~30%)

- 간이과세자를 일반과세자와 비교할 때 부가세가 작은 것이 장점

Special 05 고객관리

고객관리란 소비자들을 신규고객으로 유치하고 기존고객을 나의 네트워크 안에서 관리하여 새로운 수익창출과 기존의 수익보존을 유지하기 위한 효율적인 고객정보관리시스템이다.

고객의 감각

- 고객은 시술자의 행동과 매장의 느낌, 시술 손길의 느낌, 고객을 맞이하는 느낌을 빠르게 느낀다.
- 정직이란 슬로건으로 매장을 운영한다면 고객은 감각적으로 이를 느끼고 샵에 대한 믿음을 가지게 될 것이다.

고객의 감성

- 고객의 감성을 잡는다.
- 고객의 미학적 키워드가 승부다.
- 고객의 삶의 트렌드를 읽어야 한다.
- 고객과 스토리텔링을 한다.
- 감성마케팅으로 고객이 하고 싶은 말을 듣고, 고객이 듣고 싶은 말을 하며 고객과 마음을 나누어야 한다.

고객의 얼굴

- 고객의 얼굴은 나의 얼굴이다.
- 고객의 얼굴에 내가 만족한다면 나의 기술에 만족하게 된 것이다.
- 내가 고객을 향해 항상 진심을 보인다면 고객은 나에게 등을 돌리지 않는다.
- 고객의 얼굴과 목소리를 기억하자.

충성도 높은 고객

- 오래된 고객일수록 더욱 관심을 기울인다.
- 오래된 고객일수록 예약에서 최우선이 되게 한다.
- 오래된 고객일수록 최선을 다해 맞이 한다.
- 오래되고 충성도 높은 20%의 고객이 매출의 80%를 만들어 낸다.

안정된 샵을 만드는 노하우

- 정보관리 : 고객의 입을 통해 전해지는 매장에 대한 정보는 매우 중요하다. 입에서 입으로 전해지는 매장에 관한 정보와 온라인상의 정보들이 매장의 흥망성쇠에 영향을 미치는 경우가 많다. 따라서 바이럴마케팅으로 매장에 관한 정보를 관리해야 한다.
- 차별성 : 다른 매장들과 차별화된 사소한 고객관리부터 다양한 이벤트, 매장이 가지고 있는 우수성의 부각, 체인점의 브랜드, 차별화된 전략 등이 반드시 필요하다.
- 매장경영의 의미 : 장사보다는 경영에 의미를 두어 매장을 운영해야 한다. 단순하게 눈앞에 있는 작은 이익을 따라가기보다는 멀리 있는 큰 이익을 볼 수 있는 것이 경영자의 마인드이므로 고객을 위한 시술에 있어 멀리 보는 마인드를 가져야 한다.
- 지출관리 : 임대료, 관리비, 인건비, 광고비, 식대, 공과금 등에서의 사소한 지출관리능력이 안정된 매장을 만들어낼 수 있다. 고정적인 고객리스트가 형성되어야 관리비의 매출선이 확보되고 매출이익이 창출된다.

고객서비스

서비스 측면에서도 소비자들의 안목이 점차 높아지고 있다. 따라서 자신의 매장만의 분위기와 독창적인 서비스를 만들어 내야 고객의 눈높이에 맞는 서비스를 제공할 수 있다.

Eyelash Designer의 자세

- 전문교육을 받은 전문가로서 모발학·과학적인 지식을 기술과 함께 갖추고 있어야 한다.
- 건강한 정신과 건강한 육체를 지니고 있어야 한다.
- 자신의 직업에 대하여 긍지를 지니고 최고의 기술력을 갖추어야 한다.
- 항상 단정한 헤어스타일과 복장으로 시술에 대한 신뢰감을 줄 수 있도록 한다.
- 정확한 고객상담 스킬과 자료를 준비해야 한다.

고객 서비스 단계

1. 고객 응대
고객이 매장을 방문했을 때 얼굴 표정에서 반가운 마음이 전달되도록 맞이해야 하며, 고객을 상담을 위한 자리로 이동시킨다.

2. 음료 접대
본격적인 상담이 이루어지기 전에 고객의 취향을 물은 뒤 차를 준비한다. 고객에게 음료를 접대하는 것은 고객에 대한 관심을 표현하는 방법이며, 고객 역시 매장에 들어온 후에 상담을 준비하는 시간을 가질 수 있게 된다.

3. 고객 상담
파트2의 고객상담방법에 언급된 대로 스스로 연상 작업을 시작하면서 고객 상담에 들어간다. 고객과의 대화는 주로 경청하고 검증하여 답을 주는 형식으로 진행되는 것이 바람직하며 시술자의 입장만을 내세우는듯한 상담은 바람직하지 않다.
*연상작업 : 고객의 속눈썹 연장·증모술의 시뮬레이션

4. 상담결과의 설명과 이해
상담이 끝나면 상담결과를 고객에게 정확하게 설명한다. 이 때 디자이너는 본인의 연상 작업에 대한 확신이 있어야 하므로 기술적인 능력이 뒷받침되어야 한다. 또한 상담결과를 고객에게 일방적으로 알려주기보다는 이해가 충분히 되었는지, 시술방법에 대하여 만족하는지, 시술을 하여도 되겠는지를 반드시 확인해야 한다. 이러한 과정을 거칠 때 사후에 발생할 수 있는 클레임을 예방할 수 있다.

5. 시술실 안내
모든 상담이 끝나면 고객을 시술실로 안내하고 편안하고 안락한 시술이 이루어질 수 있도록 한다.

All of Eyelash Extension

All of Eyelash Extension

Q&A로 알아보는 속눈썹 연장
메이크업 국가자격기준(속눈썹 익스텐션)

프로가 되는
속눈썹 연장

부록

 로 알아보는 속눈썹 연장

01 속눈썹 연장과 증모의 차이가 무엇인가요?

속눈썹 연장과 증모는 시술 후의 숱의 양에서 차이가 존재한다. 속눈썹 연장은 자연인모를 1:1로 시술하여 인모의 길이를 연장하는 방법이며, 속눈썹증모는 숱의 풍성함을 중점으로 하는 시술이다. 두 가지 방법 모두 시술 후에 숱과 길이가 동시에 늘어나지만 숱의 양에서 차이가 존재한다.

02 시술 후 유지기간이 얼마나 되나요?

시술의 유지기간은 고객 속눈썹의 건강상태에 따라 개인차가 존재한다. 그러나 일반적으로는 1달 ~ 1달 반 정도의 기간 동안 유지된다고 볼 수 있다.

03 연장된 속눈썹은 어떻게 유지되나요?

속눈썹 연장 직후에는 속눈썹 모양이 예쁘게 유지되지만, 시간이 지남에 따라 속눈썹이 누워지고 휘어지고 떨어지는 등 모양이 바뀌게 된다. 따라서 연장기술이 좋은 곳에서 시술을 받아야 같은 한 달을 유지하더라도 예쁜 상태로 유지가 가능하다.

04 연장된 속눈썹은 어떻게 제거할 수 있나요?

전용 리무버를 사용하여 제거가 가능하다.

05 속눈썹 숱이 많이 부족한 경우에도 시술이 가능한가요?

숱이 없는 고객에게는 숱을 풍성하게 만들기 위하여 아주 얇은 Y형의 속눈썹모를 사용하여 풍성하게 증모하는 것이 가능하다. 2D래쉬를 사용하여 시술을 받으면 본인의 속눈썹 숱과 비교하여 풍성함과 그윽함을 느낄 수가 있다.

06 리터치는 남아있는 눈썹을 제거하고 다시 시술하는 건가요?

속눈썹 리터치 시에는 유지기간이 있기 때문에 대부분의 가모를 제거하고 새로 다시 시술하는 경우가 일반적이다.

07 속눈썹 천연모란 무엇인가요?

속눈썹 천연모란 동물털이나 인모에 존재하는 큐티클 라인을 살려서 속눈썹모를 만든 제품으로 무게가 매우 가벼운 가모이다. 큐티클 라인이 속눈썹 모에 그대로 존재하기 때문에 유지기간이 길어진다는 장점을 가지고 있다.

08 속눈썹 연장을 하면 본인의 속눈썹 숱이 적어지게 되나요?

속눈썹은 3개월을 주기로 성장이 진행되므로 실제로 연장 중에 탈락하는 속눈썹은 휴지기의 눈썹이 탈락하는 것이다. 하지만 글루의 양을 제대로 조절하지 못하거나 시술능력이 부족한 경우에는 시술부작용으로 숱이 감소하기도 한다. 따라서 반드시 올바른 시술력을 가진 곳에서 연장을 받아야 한다.

09 시술받기 전에 눈 화장을 해도 되나요?

베이스 화장은 가능하나 아이섀도와 아이래쉬 컬러(뷰러)를 사용한 눈 화장은 하지 말아야 한다. 또한 속눈썹 펌 역시 피하는 것이 좋다.

10 시술 후 얼마 후에 리터치를 받아야 하나요?

일반적으로 리터치는 4~6주 사이에 이루어지며 리터치 시에는 남아있는 속눈썹 가모를 모두 제거한 후 다시 새롭게 시술에 들어간다.

11 **리터치를 2~3주마다 받는 것도 가능한가요?**

고객의 속눈썹모가 아주 약한 경우이거나 속눈썹이 떨어지는 것을 조금도 참지 못하는 고객이 있다. 이런 분들에게는 리터치 기간이 일반적인 시간보다 다소 짧아지게 되지만 조금 여유 있게 리터치 기간을 가지는 것이 바람직하다.

12 **속눈썹 시술이 아프지는 않나요?**

속눈썹은 시술은 전혀 통증을 유발하지 않는다. 수술이 아닌 시술이기 때문에 편안하게 시술받는 것이 가능하다.

13 **속눈썹 연장 후에도 아이라이너와 오일리무버의 사용이 가능한가요?**

시술 후에도 본인속눈썹처럼 눈 화장이 가능하지만 오일리무버의 사용은 유지기간을 단축시킬 수 있다. 그리고 속눈썹을 좀 더 진하고 풍성하게 붙이고 아이라이너를 피하거나 전용 아이라이너를 사용하는 것이 바람직하다.

14 **자연스러우면서도 컬링이 강한 속눈썹 연장시술이 가능한가요?**

본인이 원하는 컬에 맞추어 속눈썹 숱을 비례하게 연장하면 가능하다. 본인의 속눈썹 느낌으로 50%를 시술하고 CC컬이나 뷰러컬을 사용하면 자연스러우면서 컬링이 강한 속눈썹 연장이 가능하다.

15 **티가 나지 않으면서도 자연스럽게 숱만 풍성한 시술이 가능한가요?**

자연스러운 스타일은 내츄럴 컬을 사용하여 본인의 속눈썹 기장과 큰 차이 없이 숱을 풍성하게 시술하면 된다.

16 속눈썹을 길고 진하게 스모키 느낌으로 시술하는 것이 가능한가요?

속눈썹 증모는 다양한 형태의 디자인이 가능하므로 Y형과 W형의 가모를 사용하여 스모키 스타일로 디자인하는 것이 가능하다.

17 쁘띠 시술이 무엇인가요?

쁘띠 성형처럼 아무도 모르게 본인의 눈썹모가 자란 느낌으로 이루어지는 시술이다.

18 시술 후에 핫요가와 같이 땀이 나는 운동을 하면 안 되나요?

땀이 나는 운동을 하지 않을 때와 비교해서는 가모가 좀 더 빨리 탈락할 수 있지만, 큰 차이는 없으므로 운동을 해도 좋다.

19 굵은모와 가는모의 차이점은 무엇인가요?

굵은모는 조금만 붙여도 눈매가 진한 느낌을 만들어낼 수 있다. 하지만 자연스러움보다는 인위적인 느낌으로 연출이 되며 속눈썹이 조금 무거워 보일 수 있다. 그러나 얇은모는 풍성하게 붙여도 가볍고 자연스러우며 밀착감도 좋아서 유지기간 역시 길어지게 된다.

20 눈썹 숱은 많은데 굵기가 많이 얇은 경우에는 어떻게 시술받아야 하나요?

얇은 인모에는 얇은 가모를 사용하는 것이 좋다. 유지기간과 고객 속눈썹의 손상을 함께 고려했을 때 얇은모에는 얇은가모를 사용해야 한다.

21 오랫동안 속눈썹 연장을 받아왔는데 시술 후에 방향이 틀어지고 떨어지는 경우에는 어떻게 해야 하나요?

오랫동안 시술을 한 고객은 건강모만을 시술해야 하며, Y형의 얇은모를 사용하여 숱을 만들고 나머지 모들은 쉴 수 있도록 해야 한다. 혹시나 잘못된 시술로 속눈썹에 손상이 있는 경우에는 휴식기를 가져야 한다.

22 눈두덩에 속눈썹이 붙을 정도로 강한 컬이 좋은데 컬을 추가해서 붙일 수 있나요?

뷰러컬을 사용하면 강하게 올라간 컬링을 만들 수 있다.

23 이물감이 무엇인가요?

이물감이란 시술 후 눈매가 무거운 느낌, 눈이 뻑뻑한 느낌, 속눈썹이 부딪히는 느낌을 말한다. 시술 후에 이물감이 느껴지지 않아야 정상적인 시술이 이루어졌다고 말할 수 있다.

24 속눈썹 길이가 너무 짧은데 연장이 가능한가요?

고객의 속눈썹 길이가 너무 짧은 경우에는 너무 긴 기장의 가모를 사용하면 무리가 될 수 있다. 따라서 본인 기장의 1/2 이상을 넘지 않도록 연장해야 한다.

25 아이라인 문신을 했는데 속눈썹 시술을 해도 되나요?

아이라인 반영구 시술 후에 곧바로 속눈썹 시술을 하는 것은 불가능하다. 왜냐하면 피부에 자극을 주게 되어 알레르기 반응이 나타날 수 있기 때문이다. 따라서 최소 1주일이 지난 후부터 연장시술이 가능하다.

26 밑으로 처진 속눈썹도 시술이 가능한가요?

속눈썹이 처진 경우에는 CC컬이나 L컬, 뷰러컬 등을 사용해서 처짐 없이 올리는 것이 가능하다. 밑으로 처진 속눈썹을 연장술을 사용하여 올려주게 되면 시야가 넓어지고 눈매가 풍성해보이며 동시에 시원해 보이는 효과가 나타난다.

27 짝눈인 경우 양쪽 길이를 다르게 하고 컬 모양에도 차이를 두는 것이 가능한가요?

양쪽 눈의 크기가 다른 경우에는 눈이 작은 쪽은 좀 더 크게 보일 수 있도록 강조하고, 큰 쪽은 보완하는 방향으로 시술을 하여 양쪽 크기를 맞추는 교정시술을 하고 있다.

28 **시술 후에 눈이 아픈 경우는 왜 그런가요?**

눈이 들린 채로 시술을 받게 되거나 시술 중에 눈이 계속해서 눌리는 경우에는 눈에 통증이 유발될 수 있다. 시술 중에 눈이 들리게 되면 글루로 인해 자극이 될 수 있으며, 동공을 자꾸 누르는 경우에는 고객의 눈을 피로하게 만들기 때문에 주의해야 한다.

29 **연장된 속눈썹 제거에는 왜 비용을 지불해야 하나요?**

속눈썹을 붙이는 경우와 마찬가지로 제거 또한 디자이너들의 기술적인 실력으로 시술하는 것이므로 소정의 비용이 발생하게 된다.

30 **눈의 형태가 이상한 경우에도 눈의 모양에 맞춰서 시술해주나요?**

속눈썹과 눈매의 상태에 따라 눈매의 3등분 표현법을 통하여 장점을 부각시키고 단점을 보완하는 시술을 해야 한다.

31 **속눈썹을 붙이면 눈썹이 서로 엉킨다는데 왜 그런가요?**

시술이 잘못된 경우에 발생하는 현상이며 제대로 된 시술 시에는 엉키지 않는다.

32 **속눈썹을 붙였는데 끝에만 조금 길게 수정이 가능한가요?**

끝부분만 별도 수정이 가능하다.

33 **속눈썹 시술 후에 마스카라를 하지 않아도 되나요?**

속눈썹 시술 후에는 마스카라를 사용하지 않는 것이 좋다. 마스카라 액이 가모에 묻어서 잘 지워지지 않기 때문이다. 만약 반드시 사용을 해야 하는 경우라면 전용 마스마라를 사용해야 한다.

34 피부에서 얼마나 떨어져서 시술하나요?

피부에 접촉하여 시술이 이루어지면 알레르기 반응이 생기므로 1mm를 기본적으로 띄우고 시술한다. 그러나 고객의 속눈썹 상태에 따라 조금씩 다르게 적용하기도 한다.

35 떨어진 속눈썹을 모아오면 다시 붙일 수 있나요?

글루가 한 번 묻은 가속눈썹은 재사용이 불가능하다. 재사용하게 되면 가모가 두꺼워지고 밀착력이 떨어지게 된다.

36 시술 후에 렌즈를 껴도 되나요?

시술 후 렌즈를 착용하여도 무방하다.

37 시술 후 눈썹에 백태현상이 생기는 이유는 무엇인가요?

시술 중 눈물을 흘리거나 시술 후에 글루가 완전히 경화되기 전 눈물을 흘리면 염분에 의하여 백태현상이 생길 수 있다.

38 시술 후에 눈을 비벼도 되나요?

속눈썹 시술 후에 눈을 비벼서는 안 되며, 눈썹을 뽑거나 눈을 만지는 행동 역시 주의해야 한다.

39 시술 후 세안은 어떻게 하나요?

해면을 사용하여 세안하는 등 되도록 눈을 피해서 속눈썹에 자극이 가지 않도록 세안해야 한다.

40 속눈썹 연장 시술 후 사우나 이용은 언제부터 가능한가요?

3~4일 후부터 이용하는 것이 바람직하다.

41 **연장된 속눈썹이 절대 떨어지지 않는 방법은 없을까요?**

연장된 가모는 영구적이지 않다. 지나치게 연장이 오래가는 것도 유해성분으로 속눈썹에 무리를 줄 수 있으므로 바람직한 것은 아니다.

42 **속눈썹 시술 가격이 왜 매장마다 다른가요?**

매장마다 가지고 있는 기술력이 다르고 속눈썹 관리케어가 다르기 때문에 시술 가격이 모두 달라지게 된다. 가격은 매장이 가지고 있는 마케팅 수단이지만, 일반적으로 높은 기술력으로 시술을 하는 매장에서는 저렴한 가격을 받기 어렵다.

43 **스와로브스키 파티속눈썹은 무겁지 않나요?**

파티속눈썹은 크게 무겁지 않기 때문에 또 다른 스타일을 만들어 멋 내는 것이 가능하다. 하지만 지나치게 많이 붙여서는 안 된다.

44 **파티속눈썹은 어느 쪽에 붙이는 것이 좋은가요?**

파티속눈썹은 눈매 끝부분에 붙이는 것이 바람직하다. 중앙에 붙이는 경우에는 무게감이 느껴질 수 있고 눈을 떴을 때 이물감이 느껴질 수 있다.

45 **연장된 속눈썹이 한쪽만 떨어졌는데 한쪽만 리터치도 가능한가요?**

속눈썹 시술 후 고객의 눈썹 상태에 따라서 양쪽이 대칭적으로 분리되지 않고 한 쪽만 분리되는 경우가 있다. 이 때 탈락된 부분을 집중적으로 리터치를 하되 다른 한쪽 역시 보완해서 수정해야 양쪽의 유지기간이 비슷해지게 된다.

46 **속눈썹 연장 시에 아래에 있는 속눈썹도 시술이 가능한가요?**

아래에 있는 속눈썹도 연장이 가능하다. 아래 속눈썹을 '언더래쉬' 라고 하며, 자연스럽게 고객이 원하는 스타일에 맞추어 시술이 이루어진다. 언더래쉬 시술은 특별한 이벤트로 시술이 이루어지는 경우가 많다.

47 **속눈썹이 연장되어 있는 상태에서 아이라인 반영구 시술이 가능한가요?**

속눈썹 연장 후 반영구 시술은 가능하지 않다. 아이라인 반영구 시술을 해야 하는 경우에는 반드시 연장한 속눈썹 가모를 제거한 후에 시술을 해야 속눈썹에 상처를 입지 않는다.

48 **속눈썹 연장이 왜 각 샵마다 다른가요?**

속눈썹 연장은 손 기술이므로 각 샵마다 사용하는 기술의 차이로 속눈썹 모양이 달라지고 고객의 속눈썹 상태에 따라서도 다를 수 있다. 샵에서 사용하는 기술과 고객의 속눈썹 상태는 속눈썹 연장의 유지기간과 관계가 깊다.

49 **속눈썹 연장 시술은 왜 시간이 오래 걸리나요?**

속눈썹 연장은 속눈썹 한 올 한 올을 섬세하게 작업하는 과정이다. 그러므로 지나치게 빠르게 작업하려고 하면 숱이 적어지거나 정교한 시술이 이루어지지 않을 수도 있다. 손으로 하는 수작업이므로 시간과 시술의 정교함은 비례하게 된다.

50 **속눈썹 연장 후 눈에 하얀 화장품 가루가 묻었어요. 떨어지나요?**

속눈썹을 연장한 경우에는 아이섀도나 파우더는 최대한 연장한 곳에 묻지 않도록 메이크업을 해야 한다. 또한 글루로 연장한 상태이므로 세안을 해도 잘 떨어지지는 않는다.

51 **안경을 쓰는데 속눈썹 연장을 해도 되나요?**

속눈썹 연장 전 상담을 통하여 고객의 안경 위치나 안경으로 인한 가모의 길이를 먼저 결정한 후 시술이 가능하다.

52 **라섹이나 라식을 했는데 언제 속눈썹 연장을 해도 되나요?**

라섹이나 라식은 1주일 후부터 세안이 가능하므로 대부분의 시술은 가능하나 고객마다 눈이 회복되는 상태가 다르므로 한 달까지는 시술을 하지 않는 것이 좋다. 반드시 개인차를 고려해야 하여 안전하게 시술에 임해야 한다.

53 **11mm와 12mm의 1mm 차이가 시술 시 크게 느껴지나요?**

가모의 1mm 차이는 전체적으로 길어지는 것이 대부분이며, 탑 라인 기장이 길어지게 되므로 느낌상 큰 차이가 있게 된다.

54 **속눈썹 연장은 왜 예약을 해야 하나요?**

속눈썹 연장은 시술시간이 1~2시간을 차지하는 시술이므로 반드시 예약을 해야 편안하게 시술받을 수 있다.

55 **본래 가지고 있는 속눈썹 길이와 똑같이 시술이 가능한가요?**

고객이 본래 가지고 있는 속눈썹 길이와 똑같이 시술이 가능하다. 이런 경우 속눈썹의 길이는 같지만 숱이 늘어나게 되므로, 자연스러우면서도 아이라인이 진하고 눈이 커보이는 효과가 있게 된다.

56 **컬러 속눈썹은 어떤 컬러가 가장 인기가 많나요?**

컬러 속눈썹은 개인성향에 따라 차이가 있지만 여름에는 블루, 와인 색을 많이 선호하고 가을에는 브라운 색의 부드러운 느낌을 선호하는 고객이 많다.

57 **속눈썹 연장을 배우고 싶은데 어디서 배워야 하나요?**

속눈썹 연장술은 기본테크닉과 실무테크닉을 전문적이고 체계적인 시스템으로 가르치는 곳에서 받아야 한다. 처음에 배운 기술이 개인의 몸에 배어 지속되기 때문이다.

58 **속눈썹 펌와 속눈썹 연장의 차이점은 무엇인가요?**

속눈썹 펌은 고객의 인모에 약품을 사용하여 컬을 만드는 시술이며, 속눈썹 연장은 가모를 이용하여 길이를 연장하고 숱을 늘리고 동시에 컬을 만드는 시술이다.

메이크업 국가자격기준안내[자격종목 : 미용사(메이크업)]

속눈썹 익스텐션(4종목)

가. 5~6mm의 인조 속눈썹이 부착된 마네킹을 준비하시오.

나. 과제를 수행하기 전 수험자의 손 및 도구류와 마네킹의 작업부위를 소독한 후 적절한 위치에 아이패치를 부착하시오.

다. 일회용 도구를 사용하여 전처리제를 균일하게 도포하시오.

라. 연장하는 속눈썹은 J컬 타입으로 길이 8, 9, 10, 11, 12mm, 두께 0.15mm의 싱글모를 사용하시오.

마. 제시된 도면과 같이 전체적으로 중앙이 길어 보이는 라운드형(부채꼴 디자인)의 속눈썹 익스텐션(오른쪽)을 완성하시오.

바. 마네킹에 부착된 속눈썹 한 개당 하나의 속눈썹(J컬)만 연장하시오.

사. 5가지 길이(8, 9, 10, 11, 12mm)의 속눈썹(J컬)을 모두 사용하여 자연스러운 디자인이 되도록 완성하시오.

아. 모근에서 1~1.5mm를 반드시 떨어뜨려 부착하시오.

자. 오른쪽 인조 속눈썹에 최소 40가닥 이상의 속눈썹(J컬)을 연장하시오(단, 눈 앞머리 부분의 속눈썹 2~3가닥은 연장하지 마시오).

자격종목	미용사(메이크업)	과제명	속눈썹 익스텐션 (오른쪽)	척 도	NS

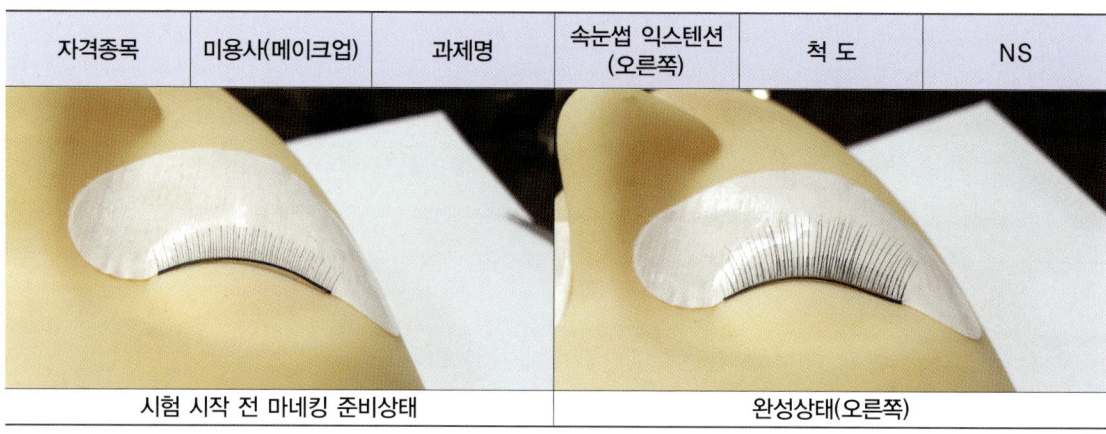

시험 시작 전 마네킹 준비상태	완성상태(오른쪽)

당신의 속눈썹을
보호해 드립니다.
성장케어 one grow care...
속눈썹모발의 성장주기에 따라 시술하며
눈매 디자인을 연출하는 우수업체 입니다.

miin CARE

www.miincare.co.kr

속눈썹 교육 | 미인케어 체인사업 | 속눈썹 재료유통

<국내/해외 매장소개>

[해외지사] 중국 상하이/ 인도네시아 자카르타/ 중동 쿠웨이트

[국내지사/가맹점]

여의도본점	서울 영등포구 여의도동 43-3 홍우빌딩 405호
잠 실 점	서울 송파구 잠실동 185번지 3층
노 원 점	서울 노원구 노원로 547 임광상가 2층
마곡중앙점	서울 강서구 마곡중앙 6로 42 사이언스타 410호
장 위 점	서울 성북구 장위동 66-253 1층
안 산 점	경기 안산시 단원구 고잔2길 41 3층
분 당 점	경기 성남시 분당구 금곡동 157번지 JS웨딩홀 B106
용 인 점	경기 수원시 영통구 광교중앙로 145
송 도 점	인천광역시 연수구 송도동 컨벤시아대로60 143호
경남양산점	경남 양산시 양산역 8길16 2층
부산해운대	부산시 해운대구 반여동 1217-3 2층
광 주 점	광주시 광산구 비아로1

항상 그대로의 미인...
아름다움은 노력입니다.
그 노력에 미인이 함께 합니다.

미인은 미용 분야에서 볼모지나 다름없던 속눈썹과 붙임머리 분야에서 다양한 제품 및 서비스 개발을 통하여 뛰어난 기술인증으로 타브랜드와의 뚜렷한 차별화를 이룩하였으며, 속눈썹·붙임머리 분야의 선두주자로서 모두가 인정하는 대한민국 최고의 대표 브랜드입니다.

미인설립 : 2003. 6. 1
1호점 여의도 본점을 시작으로 16개의 체인점을 운영하고 있으며, 속눈썹 및 붙임머리 등 다양한 제품공급과 기술교육을 통한 중국, 인도네시아, 중동 쿠웨이트에서 지사 및 지점을 설립하여 세계화에 앞장서고 있습니다.

미인케어 뷰티코리아 대표 / 한국속눈썹교육협회 회장
강 경 희(姜京姬 / Kyung Hee. KANG)

- **미인아카데미 특전**
  - 각 분야 전문기술교육
  - 미용교육 전문강사 양성
- **국민대학교 지정 교육센터**
  - 사이버대학교, 평생교육원 학점
  - 학위취득 및 미용면허증
- **한국속눈썹교육협회 교육지부**
- **방과후교사 미용교육 프로그램 운영**
- **시니어코칭 미용교육 강사 프로그램 운영**

세계를 향한 진정한 프로들과의 만남

MIINCARE Academy Education Information
1. 미인의 교육은 현장에서 사용하는 전문기술 교육
2. 미인의 교육은 이론의 내용을 함께하는 체계적인 교육
3. 미인의 교육을 통한 자격증 취득 및 각종 미용대회 출전의 교육
4. 미인의 교육은 다양한 강사과정 운영

MIINCARE Academy 5 Steps

1:1 교육 Training → 최고의 기술 Best Technology → 자격증 Certification → 마케팅 Marketing → 서비스 Service

MIINCARE Academy Curriculum

[속눈썹 연장/증모 디자인]

교육과정	교육일수	교육시간
기본반	16시간 (4주 교육)	주 2회 2시간
실무반	20시간 (5주 교육)	주 2회 2시간
트레이닝반	16시간 (4주 교육)	주 1회 4시간

[붙임머리/헤어증모]

교육과정	교육일수	교육시간
창업반	24시간 (4주 교육)	주 2회 3시간

Korea Eyelash Education Associatio
VISION

한국속눈썹교육협회
KOREA EYELASH EXTENSHION ASSCIATION
02-544-5152 / 5153
서울영등포구 여의도동 43-3
홍우빌딩 405호
www.keea14.com

속눈썹 연장 자격증 교육 프로그램

자격증 과정	자격내용
속눈썹전문가 2급 (페이스아트 2급)	속눈썹 기본입문과정 / 속눈썹 마케킹 기본디자인(페이스아트 2급)
속눈썹전문가 1급 (페이스아트 1급)	속눈썹 실무입문과정 / 속눈썹 실무 기본 및 스타일디자인
속눈썹 디자인 자격(급수없음)	속눈썹 눈매 디자인입문과정 / 속눈썹 실무디자인
속눈썹전문가교육강사 (미용교육강사 속눈썹) 강사패	속눈썹 교육강사과정 / COACHING / PPT 교육

명품 더블링 붙임머리
27가닥의 피스가 링사이에 걸쳐 빠른 시술과 함께 여러방법과 재활용이 가능한 제품입니다

Double-LOOP (TIANNA)
만져도 울퉁불퉁한 느낌이 전혀없으며 필림식으로 얇은 링으로 처리되어 전혀 이물감이 없는붙임머리

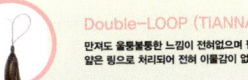

미인 실용붙임머리란?
미인은 실용붙임머리를 추구합니다.
1시간안에 모든 붙임머리를 할수 있는 시술.
빠르게 붙이고 편하게 유지하자라는 취지의 현대인에게 맞는 전문붙임머리 특허상품입니다.

DOULE DIAMOND
품명 : 더블다이아몬드 래쉬
M-DOULE DIAMOND SILK
길이 : 8,9,10,11,12,13,14,15
굵기 : 0.07/0.10/0.15 T
컬 : J, JC, C,
1CASE : 16줄/20줄

TRIPLE DIAMOND
품명 : 트리플다이아몬드 래쉬
M-DOULE DIAMOND SILK
길이 : 8,9,10,11,12,13,14,15
굵기 : 0.07/0.10/0.15 T
컬 : J, JC, C,
1CASE : 16줄/20줄

디자인속눈썹
스피드속눈썹
볼륨속눈썹

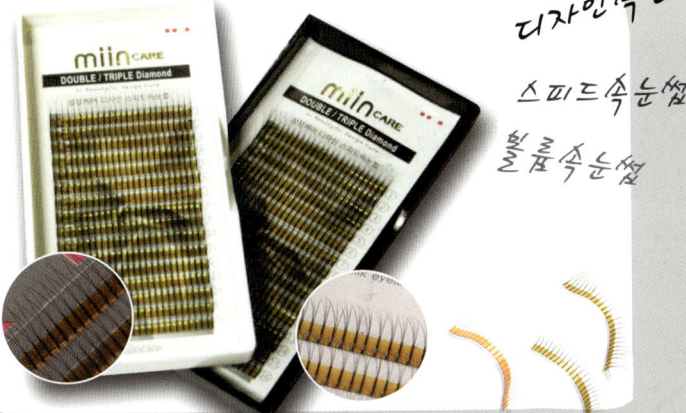

EYELASH SPEED VOLUME SILK
당신의 속눈썹을 보호합니다. 풍성한 숱에도 가벼운 느낌을 주며, 손상 속눈썹전용 Grow를 사용합니다. 풍성한 볼륨스타일로 다양한 디자인 연출이 가능합니다.
눈썹모와 가모의 말착력이 우수합니다. 끈적임이 없으며, 가모의 길러짐이 없는 전문가용 제품입니다.

속눈썹모, 눈매에 따른 디자인으로 당신만의 스타일로 완성됩니다.

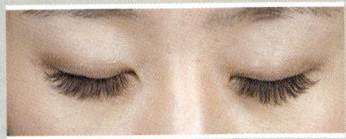

www.miincare.co.kr　　　**체인점 문의 / 제품지사 모집**

SEMI PERMANENT MAKE-UP DESIGN & SKILL
반영구 메이크업 디자인 앤 스킬
- 한국어, 중국어 겸용판 -

저자 정미영 | 발행일 2018년 4월 5일 | 페이지 160p | 정가 30,000원

SEMI PERMANENT MAKE-UP TOTAL MANUAL

반영구 세계에 입문하는 초보자를 위한,
반영구 메이크업 프로 디자이너를 위한,
반영구 디자인과 색채 배합을 위한 필독서!

SEMI-PERMANENT MAKE-UP

관상을 바꾸는 반영구 화장

저자 박경수 | 발행일 2017년 8월 10일 | 페이지 132p | 정가 35,000원

반영구 화장과 관상학적 개념을 연결하여 좋은 관상으로 거듭나기!
얼굴형에 맞는 눈썹, 아이라인, 입술 시술을 쉽고 안전하게 완성할 수 있는 기법!

다양한 니즈를 맞춤형으로 시술할 수 있는 기법을 담은
반영구 화장의 Bible!

Permanent Make-up
미인만들기

기본을 이해하는 것이 실력을 가장 빨리 늘리는 방법이다.
반영구 화장의 속 시원한 해답,
알맹이만 쏙쏙!! 간단하고 명쾌한 해설

반영구 화장의 기본이론,
반영구 화장의 실전!

저 자 | 진은주
발행일 | 2020년 3월 5일(초판 2쇄)
페이지 | 184p
정 가 | 35,000원

프로가 되는 속눈썹 연장

개정1판2쇄 발행	2020년 3월 5일(인쇄 2020년 2월 6일)
개정1판1쇄 발행	2018년 7월 5일(인쇄 2018년 5월 17일)
초판발행	2014년 9월 5일(인쇄 2014년 8월 20일)

지 은 이 　강경희 · 박기원
발 행 인 　박영일
책 임 편 집 　이해욱

편 집 진 행 　김은영 · 민한슬
표지디자인 　박수영
본문디자인 　안시영

발 행 처 　시대인
공 급 처 　㈜시대고시기획
출 판 등 록 　제10-1521호
주　　　소 　서울시 마포구 큰우물로 75(도화동 538) 성지 B/D 6F
전　　　화 　1600-3600
팩　　　스 　02-701-8823
홈 페 이 지 　www.sidaegosi.com

I S B N 　979-11-254-4674-3(13590)

정　　　가 　22,000원

※ 이 책은 저작권법에 의해 보호를 받는 저작물이므로, 동영상 제작 및 무단전재와 복제를 금합니다.
※ 잘못된 책은 구입하신 서점에서 바꾸어 드립니다.

 종합교육그룹 ㈜시대고시기획 · 시대교육은 변화하는 시장 환경과
다양한 독자들의 요구에 발맞춰 단행본브랜드 시대인을 새롭게 마련하였습니다.

시대인 인스타그램 : @sidae_in
시대인 블로그 : blog.naver.com/sidae_in